优质乳工程企业名录
（2020 年）

国家奶业科技创新联盟
中优乳奶业研究院（天津）有限公司 编

中国农业科学技术出版社

图书在版编目（CIP）数据

优质乳工程企业名录（2020年）/国家奶业科技创新联盟，中优乳奶业研究院（天津）有限公司编 . —北京：中国农业科学技术出版社，2020.11

ISBN 978-7-5116-4935-5

Ⅰ.①优… Ⅱ.①国…②中… Ⅲ.①乳品工业 – 工业企业 – 名录 – 中国 –2020 Ⅳ.① F426.82-62

中国版本图书馆 CIP 数据核字（2020）第 149090 号

责任编辑	张国锋
责任校对	马广洋

出 版 者	中国农业科学技术出版社
	北京市中关村南大街 12 号　邮编：100081
电　　话	（010）82106636（编辑室）（010）82109702（发行部）
	（010）82109709（读者服务部）
传　　真	（010）82106631
网　　址	http://www.castp.cn
经 销 者	各地新华书店
印 刷 者	北京东方宝隆印刷有限公司
开　　本	889mm×1 194mm　1/16
印　　张	19.75
字　　数	468 千字
版　　次	2020 年 11 月第 1 版　2020 年 11 月第 1 次印刷
定　　价	198.00 元

————◄◄◄ 版权所有·侵权必究 ►►►————

《优质乳工程企业名录（2020年)》
编委会

主　编　王加启

副主编　郑　楠　　张养东　　孟　璐　　于　静

编　委　（按姓氏笔画排序）

马　维	王　震	王小花	王可强	王永法
王培亮	王惠铭	左进纬	史晓光	付永猛
乐晓歌	包和平	西志攀	花陈剑	李　红
李　菲	李万荣	李义林	李伟钢	李建立
李雅琦	杨　永	杨　旭	杨　潇	杨进军
杨爱君	肖　凯	吴达雄	吴暹清	何　华
何水双	余保宁	宋喜军	张　明	张长华
张凯玲	张朝扬	陈虎能	武志英	范春刚
范益华	林少宝	林永裕	金　荣	周　颖
周本桂	郑凤琴	屈雪寅	赵广生	赵广英
贲　敏	施　兵	费理华	娜日斯	袁雄雄
夏忠悦	高浩樑	高斌斌	容显庭	黄　锐
黄国旭	龚良军	蒋临正	韩春林	谢朋军
龄　南				

目　录

优质乳是全球奶业发展的方向，其核心理念是为消费者提供健康安全、低碳绿色、营养鲜活的奶产品。农业农村部积极探索机制创新，2016年依托中国农业科学院北京畜牧兽医研究所奶业创新团队成立国家奶业科技创新联盟，大力实施优质乳工程，先后完成生乳用途分级、乳品绿色低碳加工工艺、牛奶品质评价等重要技术研究，构建奶业优质绿色发展的核心指标，研发出优质乳工程技术体系，形成了《生乳用途分级技术规范》《特优级生乳》《优级生乳》《优质巴氏杀菌乳》《优质超高温瞬时灭菌乳》等产品标准及《优质生乳生产技术规范》《优质巴氏杀菌乳生产技术规范》《优质超高温瞬时灭菌乳生产技术规范》等技术规范标准，为优质乳工程提供了坚实的科学基础。

国家奶业科技创新联盟制定了《优质乳工程管理办法》，规定了奶源、工艺、产品指标、贮存、冷链运输等均符合优质乳工程技术体系要求的企业和产品才能通过优质乳工程验收。为保证产品品质的稳定性，所有通过验收的产品每年均要进行两次抽检，每两年进行一次全面复评审。从2016年至今，申请加入优质乳工程的企业共55家，分布在全国25个省市自治区，其中30家企业127款产品通过优质乳工程验收，包括巴氏杀菌乳和UHT灭菌乳。每一个通过优质乳工程验收企业具有唯一优质乳工程企业编号，每一款通过优质乳工程验收的产品具有唯一优质乳产品编号。本书从以下方面对通过优质乳工程验收的企业和产品进行详细介绍：

- 企业介绍
- 优质乳工程产品介绍
- 优质乳工程启动
- 优质乳工程验收
- 优质乳工程复评审验收
- 优质乳工程抽检
- 企业开展的优质乳工程活动

优质乳工程技术体系实施进展

25个省份，55家企业实施，30家通过验收

 通过验收企业名单：

1. 昆明雪兰牛奶有限责任公司　　云南
2. 福建长富乳品有限公司　　福建
3. 辽宁辉山乳业集团（沈阳）有限公司　　辽宁
4. 重庆市天友乳业股份有限公司　　重庆
5. 杭州新希望双峰乳业有限公司　　浙江
6. 中垦华山牧乳业有限公司　　陕西
7. 光明乳业股份有限公司华东中心工厂　　上海
8. 上海乳品四厂有限公司　　上海
9. 上海永安乳品有限公司　　上海
10. 浙江省杭江牛奶公司乳品厂　　浙江
11. 南京光明乳品有限公司　　江苏
12. 广州光明乳品有限公司　　广东
13. 北京光明健能乳业有限公司　　北京
14. 成都光明乳业有限公司　　四川
15. 武汉光明乳品有限公司　　湖北
16. 河北新希望天香乳业有限公司　　河北
17. 四川新华西乳业有限公司　　四川
18. 青岛新希望琴牌乳业有限公司　　山东
19. 广东燕塘乳业股份有限公司　　广东
20. 广州风行乳业股份有限公司　　广东
21. 山东得益乳业股份有限公司　　山东
22. 安徽新希望白帝乳业有限公司　　安徽
23. 南京卫岗乳业有限公司　　江苏
24. 湖南新希望南山液态乳业有限公司　　湖南
25. 河南花花牛乳业集团股份有限公司　　河南
26. 现代牧业（蚌埠）有限公司　　安徽
27. 现代牧业（塞北）有限公司　　河北
28. 新希望双喜乳业（苏州）有限公司　　江苏
29. 西昌新希望三牧乳业有限公司　　四川
30. 广东温氏乳业有限公司　　广东

正在实施优质乳工程的企业：

1. 贵州好一多乳业股份有限公司　　贵州
2. 新疆天润生物科技股份有限公司　　新疆
3. 云南乍甸乳业有限责任公司　　云南
4. 广泽乳业有限公司　　吉林
5. 湖北俏牛儿牧业有限公司　　湖北
6. 杭州味全食品有限公司　　浙江
7. 天津海河乳业有限公司　　天津
8. 山西九牛牧业股份有限公司　　山西
9. 湖南优卓食品科技有限公司　　湖南
10. 石家庄君乐宝乳业有限公司　　河北
11. 贵州南方乳业有限公司　　贵州
12. 浙江一鸣食品股份有限公司　　浙江
13. 临沂格瑞食品有限公司　　山东
14. 甘肃祁牧乳业有限责任公司　　甘肃
15. 大同市牧同乳业有限公司　　山西
16. 扬州市扬大康源乳业有限公司　　江苏
17. 黑龙江飞鹤乳业有限公司　　黑龙江
18. 安徽曦强乳业集团有限公司　　安徽
19. 中宁县黄河乳制品有限公司　　宁夏
20. 邯郸市康诺食品有限公司　　河北
21. 湛江燕塘乳业有限公司　　广东
22. 皇氏集团湖南优氏乳业有限公司　　湖南
23. 城步奚牧牧业有限公司　　湖南
24. 山东德正乳业股份有限公司　　山东
25. 兰州庄园牧场股份有限公司　　甘肃

新希望乳业

新鲜一代的选择

企 业 名 称： 新希望乳业股份有限公司

优质乳企业编号： CEMA-N001（昆明雪兰）

CEMA-N006（杭州双峰）

CEMA-N007（四川新华西）

CEMA-N009（青岛琴牌）

CEMA-N013（河北天香）

CEMA-N014（苏州双喜）

CEMA-N024（西昌三牧）

CEMA-N026（安徽白帝）

CEMA-N028（湖南南山）

法 定 代 表 人： 席　刚

企 业 地 址： 四川省成都市锦江区金石路

366 号新希望中鼎国际 2 栋

新希望乳业股份有限公司（以下简称"新希望乳业"）成立于 2006 年，隶属于新希望集团有限公司。新希望乳业现旗下有 16 家乳制品加工厂、13 个自有牧场，其中 9 家加工厂是优质乳生产企业。新希望乳业构建了以"鲜战略"为核心价值的城市型乳企联合舰队。

新希望乳业股份有限公司

一、昆明雪兰牛奶有限责任公司

（一）企业介绍

昆明雪兰牛奶有限责任公司（以下简称"昆明雪兰"）是新希望集团旗下的全资子公司，现生产加工能力为日产乳品 500 吨，昆明市场占有率达 65% 以上。

昆明雪兰牛奶有限责任公司工厂

昆明雪兰牛奶商标

（二）优质乳工程产品介绍

昆明雪兰通过实施优质乳工程，对杀菌工艺精度的控制进行了大幅强化，实现了明星产品"新希望 24 小时鲜牛乳"的 75℃ 15 s 巴氏杀菌工艺，进行优质乳技术创新，最大程度保留牛奶中的活性营养物质。

昆明雪兰乳品优质乳产品名称及编号

序号	企业名称	产品名称	优质乳产品编号
1	昆明雪兰牛奶有限责任公司	新希望雪兰 24 小时鲜牛乳 250g 屋顶盒	CEMA-N00101PM
2		新希望雪兰 24 小时鲜牛乳 950g 屋顶盒	CEMA-N00102PM

优质乳产品名称　新希望雪兰 24 小时鲜牛乳 250g 屋顶盒

优质乳产品编号　CEMA-N00101PM

验 收 时 间　2016 年 9 月 6 日

第一次复评审时间　2018 年 11 月 4 日

第二次复评审时间　2020 年 8 月 5 日

第一次抽检时间　2019 年 10 月 23 日

第二次抽检时间　2020 年 4 月 11 日

所有指标均符合《优质巴氏杀菌乳》标准

优质乳产品名称 新希望雪兰 24 小时鲜牛乳 950g

屋顶盒

优质乳产品编号 CEMA-N00102PM

验 收 时 间 2016 年 9 月 6 日

第一次复评审时间 2018 年 11 月 4 日

第二次复评审时间 2020 年 8 月 5 日

第一次抽检时间 2019 年 10 月 23 日

第二次抽检时间 2020 年 4 月 11 日

所有指标均符合《优质巴氏杀菌乳》标准

（三）优质乳工程启动

2015 年初，昆明雪兰作为新希望乳业股份有限公司旗下第一家公司向中国农业科学院奶业创新团队提交申请表和企业生产情况调查表等材料，申请实施优质乳工程。优质乳工程项目在昆明雪兰开始推动。经过专家的调研与技术指导，昆明雪兰于 2015 年 4 月全面启动实施优质乳工程。

昆明雪兰牛奶有限责任公司文件

昆雪兰[2015]6 号　　　　签发：岳春生

关于成立优质乳工程项目小组的通知

雪兰公司各部门：

　　新希望乳业优质乳工程项目于 2015 年 4 月 29 日在雪兰公司正式启动，为了确保各部门之间更好的衔接，推动项目的顺利进行，现成立雪兰公司优质乳工程项目小组，遵照公司"三定一追踪"的原则，明确小组成员及其职责。

一、　小组成员

　　组长：　　岳春生

　　执行组长：付永猛

　　组员：　　马维、郎登川、李剑锋、吴丽仙、姚红、张璐、
　　　　　　　张蕾、钱晓云、施云波。

昆明雪兰关于成立优质乳工程小组的通知

国家奶业科技创新联盟副理事长顾佳升在昆明雪兰工厂指导

（四）优质乳工程验收

根据《优质乳工程管理办法》的相关规定，中国农业科学院奶业创新团队2016年9月对昆明雪兰工厂及相关牧场开展了验证和现场验收，包括产品的奶源（牧场）、加工前投料罐和每种优质乳产品的验证；所有生产优质乳产品生产线的保留时间和保持温度的验证；优质乳产品储藏、运输和销售终端冷链温度的验证；牧场奶源生产管理情况、加工厂工艺参数控制、产品质量控制情况的现场查看和记录验证等。

2016年9月6日，中国农业科学院奶业创新团队组织专家听取昆明雪兰企业汇报。昆明雪兰在实施优质乳工程期间，建立了《雪兰优质乳加工管理手册》《冷藏乳制品贮运销售卫生规范》《巴氏杀菌机设备稳定性测试方法》《奶源质量过程控制操作规范》等一整套优质乳生产加工标准规

昆明雪兰牛奶有限责任公司优质乳工程验收会（2016年9月6日）

范，为全国优质乳工程推行实施开创先河。专家组宣布昆明雪兰奶源、工艺和产品符合《优质乳工程管理办法》验收标准，通过优质乳工程的验收决议，由此，昆明雪兰成为首家通过优质乳工程验收的企业。

昆明雪兰牛奶有限责任公司通过验收新闻发布会（2016年9月6日）

新希望24小时屋顶盒优质乳生产线

（五）优质乳工程复评审验收

根据《优质乳工程管理办法》的相关规定，国家奶业科技创新联盟2018年和2020年分别对昆明雪兰开展了复评审验收，奶源、生产线、产品及储运环节等要求与验收一致。

2018年11月4日，国家奶业科技创新联盟组织专家听取企业汇报，宣布其奶源符合《优质生乳》（MRT/B 01—2018）中特优级生乳的规定，工艺和产品符合《优质巴氏杀菌乳》（MRT/B 02—2018）的规定，昆明雪兰巴氏杀菌产品通过优质乳工程复评审。

昆明雪兰牛奶有限责任公司复评审会议（2018年11月4日）

2020 年 8 月 5 日，国家奶业科技创新联盟组织专家线上听取了企业汇报，查阅复评审检测结果，宣布奶源符合《生乳用途分级技术规范》（T/TDSTIA 001—2019）的规定、工艺符合《优质巴氏杀菌乳加工工艺技术规范》（T/TDSTIA 011—2019）的规定、巴氏杀菌乳产品符合《优质巴氏杀菌乳》（T/TDSTIA 004—2019）的规定：糠氨酸 ≤ 12 mg/100 g 蛋白质，乳铁蛋白 ≥ 25 mg/L，β - 乳球蛋白 ≥ 2 200 mg/L，昆明雪兰巴氏杀菌产品通过优质乳工程第二次复评审验收。因此，昆明雪兰成为首家通过第二次复评审验收的企业。

（六）优质乳工程抽检

根据《优质乳工程管理办法》规定，国家奶业科技创新联盟于2019年10月和2020年4月对昆明雪兰开展了抽检工作。

参加抽检的2款优质乳工程产品各项指标符合《优质巴氏杀菌乳》（T/TDSTIA 004—2019）的规定：糠氨酸 $\leq$ 12mg/100g蛋白质，乳铁蛋白 $\geq$ 25mg/L，β－乳球蛋白 $\geq$ 2 200mg/L。

（七）企业开展的优质乳工程活动

1. 举办第五届中国优质乳工程巴氏鲜奶发展论坛

第五届中国优质乳工程巴氏鲜奶发展论坛：2017年7月，第五届中国优质乳工程巴氏鲜奶发展论坛诚邀全国乃至世界级的权威专家、企业参与盛典共话"优质乳"。不仅促进优质乳的新发展，更为中国乳品行业的发展提供一个"蓄水池"；在此期间，消费者再一次加深了对优质乳的认知。

第一届至第五届中国好鲜奶·新鲜盛典

2. 昆明雪兰荣获优质乳工程科普贡献奖

2019 年 5 月 5 日，第六届"奶牛营养与牛奶质量"国际研讨会上，昆明雪兰牛奶有限责任公司荣获"优质乳工程科普贡献奖"。

昆明雪兰牛奶有限责任公司荣获"优质乳工程科普贡献奖"

3. 提升检测能力

昆明雪兰从 2016 年 4 月起安排人员积极参加农业农村部奶及奶制品质量安全监督检验测试中心（北京）组织的牛奶中糠氨酸、乳果糖、乳铁蛋白、α-乳白蛋白和 β-乳球蛋白等指标检测技术现场培训，具备优质乳产品核心指标的检测能力。

昆明雪兰检测人员进行检测考核

昆明雪兰检测人员进行检测能力比对验证

4. 宣传优质乳活动情况

昆明雪兰从 2017 年起针对小朋友及家长开展了雪兰万人见证优质乳——食育教育项目宣传活动，截至 2020 年接待人次突破 10 万，并且线上线下多维度立体传播，引导消费者正确消费优质乳。

昆明雪兰万人见证优质乳工厂、牧场游活动

二、杭州新希望双峰乳业有限公司

（一）企业介绍

杭州新希望双峰乳业有限公司（以下简称"杭州双峰"）是新希望集团下属的具有独立法人资格的全资子公司。生产加工能力为日产乳品300吨。

杭州新希望双峰乳业有限公司

杭州双峰牛奶商标

（二）优质乳工程产品介绍

杭州双峰共有 3 家牧场和 2 条生产线供应优质乳生产，旗下优质乳产品当前均采用的是 75℃ 15 s 巴氏杀菌工艺，最大程度保留牛奶中的活性营养物质。

杭州双峰乳品优质乳产品名称及编号

序号	企业名称	产品名称	优质乳产品编号
1	杭州新希望双峰乳业有限公司	新希望 24 小时鲜牛乳 200mL 屋顶盒	CEMA-N00601PM
2		新希望 24 小时鲜牛乳 950mL 屋顶盒	CEMA-N00602PM

优质乳产品名称 新希望 24 小时鲜牛乳 200mL
屋顶盒

优质乳产品编号 CEMA-N00601PM

验 收 时 间 2017 年 3 月 19 日

复 评 审 时 间 2020 年 8 月 26 日

抽 检 时 间 2019 年 5 月 31 日

所有指标均符合《优质巴氏杀菌乳》标准

优质乳产品名称	新希望 24 小时鲜牛乳 950mL 屋顶盒
优质乳产品编号	CEMA-N00602PM
验 收 时 间	2017 年 3 月 19 日
复 评 审 时 间	2020 年 8 月
抽 检 时 间	2019 年 5 月 31 日

所有指标均符合《优质巴氏杀菌乳》标准

（三）优质乳工程启动

2016 年 10 月，杭州双峰向中国农业科学院奶业创新团队提交申请表和企业生产情况调查表等材料，申请实施优质乳工程。经过专家的调研与技术指导，杭州双峰于 2017 年 1 月全面启动实施优质乳工程。

杭州双峰关于成立优质乳工程小组的通知

（四）优质乳工程验收

根据《优质乳工程管理办法》的相关规定，国家奶业科技创新联盟 2017 年 3 月对杭州双峰开展了验证和现场验收，包括产品的奶源（牧场）、加工前奶源的投料罐和每种优质乳产品的验证；所有生产优质乳产品生产线的保留时间和保持温度的验证；优质乳产品储藏、运输和销售终端冷链温度的验证；牧场奶源生产管理情况、加工厂工艺参数控制、产品质量控制情况的现场查看和记录验证等。

2017 年 3 月 19 日，国家奶业科技创新联盟组织专家听取杭州双峰企业汇报，专家组宣布杭州双峰奶源、工艺和产品符合《优质乳工程管理办法》验收标准，通过优质乳工程的验收决议。

杭州新希望双峰乳业有限公司优质乳工程验收会（2017 年 3 月 19 日）

杭州新希望双峰乳业有限公司通过验收新闻发布会（2017 年 3 月 20 日）

（五）优质乳工程复评审验收

根据《优质乳工程管理办法》的相关规定，国家奶业科技创新联盟 2020 年对杭州双峰开展了复评审验收，奶源、生产线、产品及储运环节等要求与验收一致。

2020 年 8 月，国家奶业科技创新联盟组织专家线上听取了企业汇报，查阅复评审检测结果，宣布其奶源符合《生乳用途分级技术规范》（T/TDSTIA 001—2019）的规定、工艺符合《优质巴氏杀菌乳加工工艺技术规范》（T/TDSTIA 011—2019）的规定、巴氏杀菌乳产品符合《优质巴氏杀菌乳》（T/TDSTIA 004—2019）的规定：糠氨酸 ≤ 12mg/100g 蛋白质，乳铁蛋白 ≥ 25mg/L，β - 乳球蛋白 ≥ 2 200mg/L，宣布杭州双峰巴氏杀菌产品通过优质乳工程复评审验收。

（六）优质乳工程抽检

根据《优质乳工程管理办法》规定，国家奶业科技创新联盟于 2019 年 5 月对杭州双峰开展了抽检工作。

参加抽检的 2 款优质乳工程产品各项指标符合《优质巴氏杀菌乳》（T/TDSTIA 004—2019）的规定：糠氨酸 ≤ 12mg/100g 蛋白质，乳铁蛋白 ≥ 25mg/L，β - 乳球蛋白 ≥ 2 200mg/L。

（七）企业开展的优质乳工程活动

1. 提升检测能力

杭州双峰从 2018 年起安排人员积极参加农业农村部奶及奶制品质量安全监督检验测试中心（北京）组织的牛奶中糠氨酸、乳果糖、乳铁蛋白、α-乳白蛋白和 β-乳球蛋白等指标检测技术现场培训，具备优质乳产品核心指标的检测能力。

杭州双峰检测人员进行优质乳样品检测

2. 宣传优质乳活动情况

杭州双峰从 2017 年起针对小朋友及家长开展了"食育教育"及"优质乳透明工厂游"科普宣传活动，引导消费者正确了解优质乳、消费优质乳。

杭州双峰食育教育及优质乳透明工厂游活动现场

三、四川新华西乳业有限公司

（一）企业介绍

四川新华西乳业有限公司（以下简称"四川新华西"）是四川省乃至西南地区最大的单体低温乳制品工厂，巴氏杀菌乳在成都市场的占有率超过60%。

四川新华西乳业有限公司工厂

新鲜一代的选择

四川新华西牛奶商标

（二）优质乳工程产品介绍

四川新华西乳业的明星产品 24 小时进行优质乳技术创新，推进 75℃ 15s 杀菌技术，优质乳工艺从 79℃降到 75℃，最大程度保留牛奶中的活性营养物质。

四川新华西乳品优质乳产品名称及编号

序号	企业名称	产品名称	优质乳产品编号
1	四川新华西乳业有限公司	新希望华西黄金 24 小时鲜牛乳 850mL PET 瓶	CEMA–N00701PM
2		新希望华西 24 小时鲜牛乳 950mL 屋顶盒	CEMA–N00702PM
3		新希望华西 24 小时鲜牛乳 500mL 屋顶盒	CEMA–N00703PM

优质乳产品名称　新希望华西黄金 24 小时鲜牛乳 850mL PET 瓶

优质乳产品编号　CEMA-N00701PM

验 收 时 间　2017 年 3 月 27 日

复评审时间　2020 年 9 月 6 日

第一次抽检时间　2019 年 6 月 13 日

第二次抽检时间　2020 年 6 月 11 日

所有指标均符合《优质巴氏杀菌乳》标准

优质乳产品名称　　新希望华西 24 小时鲜牛乳 950mL

　　　　　　　　　　屋顶盒

优质乳产品编号　　CEMA-N00702PM

验 收 时 间　　2017 年 3 月 27 日

复 评 审 时 间　　2020 年 9 月 6 日

第一次抽检时间　　2019 年 6 月 13 日

第二次抽检时间　　2020 年 6 月 11 日

所有指标均符合《优质巴氏杀菌乳》标准

优质乳产品名称　　新希望华西 24 小时鲜牛乳 500mL

　　　　　　　　　　屋顶盒

优质乳产品编号　　CEMA-N00703PM

验 收 时 间　　2020 年 9 月 6 日

第一次抽检时间　　2019 年 6 月 13 日

第二次抽检时间　　2020 年 6 月 11 日

所有指标均符合《优质巴氏杀菌乳》标准

（三）优质乳工程启动

2016 年初，四川新华西向中国农业科学院奶业创新团队提出实施优质乳工程的意愿，并提交申请表和企业生产情况调查表等材料。经过专家的调研与技术指导，四川新华西于 2016 年 11 月全面启动实施优质乳工程。

新希望乳业控股有限公司文件

新控总[2015]70 号

关于组建优质乳工程领导小组的通知

各公司、本部各部门：

为了加快推进优质乳工程这项重点工作，为新希望乳业的鲜战略实施提供有力支撑，根据席刚总裁的提议，控股公司决定，从即日起，组建优质乳工程领导小组，领导小组由下列同志组成。

组　　长：林永裕

副组长：刘海燕、岳春生，刘海燕同志为执行副组长

成　　员：刘志建、秦海洋、陈宁

优质乳工程领导小组要切实负起责来，带头深化对于优质乳工程重大意义和作用的认识，深刻把握实施优质乳工程与新希望乳业产品结构调整及品牌塑造二者之间的关系，制定周密计划，明确内部分工，聚焦工作重点，加快工作节奏，充分依靠各位专家，发挥专家委员会在技术管理咨询和标准制定方面的独特作用，为早日形成一套规范的标准体系尽心尽责地做好工作。

新希望乳业关于组建优质乳工程小组的通知

国家奶业科技创新联盟理事长王加启、副理事长顾佳升参加
四川新华西乳业有限公司优质乳工程启动会（2016 年 11 月 5 日）

（四）优质乳工程验收

根据《优质乳工程管理办法》的相关规定，国家奶业科技创新联盟 2017 年 3 月对四川新华西开展了验证和现场验收，包括产品的奶源（牧场）、加工前奶源的投料罐和每种优质乳产品的验证；所有生产优质乳产品生产线的保留时间和保持温度的验证；优质乳产品储藏、运输和销售终端冷链温度的验证；定点牧场奶源生产管理情况、加工厂工艺参数控制、产品质量控制情况的现场查看和记录验证等。

2017 年 3 月 27 日，国家奶业科技创新联盟组织专家听取四川新华西企业汇报，专家组宣布四川新华西奶源、工艺和产品符合《优质乳工程管理办法》验收标准，通过优质乳工程的验收决议。

四川新华西乳业有限公司优质乳工程验收会（2017 年 3 月 28 日）

（五）优质乳工程复评审验收

根据《优质乳工程管理办法》的相关规定，国家奶业科技创新联盟对四川新华西开展了复评审验收，奶源、生产线、产品及储运环节等要求与验收一致。

2020 年 9 月，国家奶业科技创新联盟组织专家线上听取了企业汇报，查阅复评审检测结果，宣布其奶源符合《生乳用途分级技术规范》（T/TDSTIA 001—2019）的规定、工艺符合《优质巴氏杀菌乳加工工艺技术规范》（T/TDSTIA 011—2019）的规定、巴氏杀菌乳产品符合《优质巴氏杀菌乳》（T/TDSTIA 004—2019）的规定：糠氨酸 ≤ 12mg/100g 蛋白质，乳铁蛋白 ≥ 25mg/L，β－乳球蛋白 ≥ 2 200mg/L，四川新华西巴氏杀菌产品通过优质乳工程复评审验收。

（六）优质乳工程抽检

根据《优质乳工程管理办法》规定，国家奶业科技创新联盟于 2019 年 5 月和 2020 年 6 月对四川新华西开展了抽检工作。

参加抽检的 3 款优质乳工程产品各项指标符合《优质巴氏杀菌乳》（T/TDSTIA 004—2019）的规定：糠氨酸 ≤ 12mg/100g 蛋白质，乳铁蛋白 ≥ 25mg/L，β－乳球蛋白 ≥ 2 200mg/L。

（七）企业开展的优质乳工程活动

1. 举办第六届中国优质乳工程新鲜盛典

2018 年 6 月 29 日，由新希望乳业主办的第六届"中国好鲜奶·新鲜盛典"在成都召开，盛典以"科技创新·领鲜生活"为主题，聚焦低温产业以技术驱动产业变革的发展方向。国内乳品行业 40 余家重点企业的近百位代表和业内知名专家学者围绕中国乳业的生产、研发与营销创新进行了广泛深入的探讨交流，并通过盛典达成对中国乳业"新鲜"变局的统一共识。

第六届中国好鲜奶·新鲜盛典（2018 年 6 年 29 日）

2. 宣传优质乳活动情况

2017年7月19日，四川省食品药品监督管理局开展的"食品安全进工厂、进食堂活动"走进四川新华西工厂，四川省食品药品监督管理局相关领导、权威媒体记者和消费者代表亲眼见证"透明"工厂是如何生产出让消费者满意、放心的优质乳品。

2018年起，四川新华西工厂开设了优质乳透明工厂游活动，通过寓教于乐的方式为消费者们带来了一次又一次生动鲜活的食育课堂。孩子们可以了解牛奶杀菌以及检测的工艺，同时，消费者可以了解到关于新希望华西的明星产品——24小时鲜牛乳的75℃巴氏杀菌工艺，并厘清巴氏杀菌与普通杀菌对牛奶品质及口感的影响。

作为西南首家通过优质乳认证的企业，四川新华西发挥"优质奶只能产自于本土"的地域优势，给川渝消费者带来"鲜活"产品，为消费者"舌尖上的安全"保驾护航，为中国食品安全发展树立行业典范。

四川省食品安全宣传周食品安全进工厂进食堂活动走进四川新华西

成都商报小记者走进四川新华西食育课堂

3. 新希望乳业荣获优质乳工程科技创新奖等多个奖项

2019 年 5 月 5 日，第六届"奶牛营养与牛奶质量"国际研讨会上，新希望乳业股份有限公司荣获"优质乳工程科技创新奖"，四川新华西乳业有限公司荣获"优质乳工程工匠团队奖"。此外，在"千人品鉴优质乳"活动上，新希望 24 小时鲜牛乳获得"青年最喜爱金奖"产品称号。澳大利亚联邦科工组织 McSweeney 首席研究员表示非常开心可以品尝到这么新鲜的牛奶，新希望 24 小时鲜牛乳的品质和味道都很好。

新希望乳业股份有限公司荣获"优质乳工程科技创新奖"

四川新华西乳业有限公司荣获"优质乳工程工匠团队奖"

新希望24小时鲜牛乳获得"青年最喜爱金奖"

四、青岛新希望琴牌乳业有限公司

（一）企业介绍

青岛新希望琴牌乳业有限公司（以下简称"青岛琴牌"）是山东首家通过优质乳工程验收的企业。

青岛新希望琴牌乳业有限公司工厂

新 鲜 一 代 的 选 择

青岛琴牌牛奶商标

（二）优质乳工程产品介绍

青岛琴牌产品"新希望24小时鲜牛乳"进行优质乳技术创新，优质乳杀菌工艺从80℃降到75℃，推进75℃15s杀菌技术，最大程度保留牛奶中的活性营养物质。

青岛琴牌乳品优质乳产品名称及编号

序号	企业名称	产品名称	优质乳产品编号
1		新希望琴牌24小时鲜牛乳250mL屋顶盒	CEMA-N00901PM
2	青岛新希望琴牌乳业有限公司	新希望琴牌24小时鲜牛乳480mL屋顶盒	CEMA-N00902PM
3		新希望琴牌24小时鲜牛乳950mL屋顶盒	CEMA-N00903PM

优质乳产品名称　新希望琴牌24小时鲜牛乳250mL

屋顶盒

优质乳产品编号　CEMA-N00901PM

验 收 时 间　2017年5月2日

第一次抽检时间　2018年11月12日

第二次抽检时间　2019年7月4日

所有指标均符合《优质巴氏杀菌乳》标准

优质乳产品名称	新希望琴牌 24 小时鲜牛乳 480mL 屋顶盒
优质乳产品编号	CEMA-N00902PM
验 收 时 间	2017 年 5 月 2 日
第一次抽检时间	2018 年 11 月 12 日
第二次抽检时间	2019 年 7 月 4 日

所有指标均符合《优质巴氏杀菌乳》标准

优质乳产品名称	新希望琴牌 24 小时鲜牛乳 950mL 屋顶盒
优质乳产品编号	CEMA-N00903PM
验 收 时 间	2017 年 5 月 2 日
第一次抽检时间	2018 年 11 月 12 日
第二次抽检时间	2019 年 7 月 4 日

所有指标均符合《优质巴氏杀菌乳》标准

（三）优质乳工程启动

2016 年中，青岛琴牌向中国农业科学院奶业创新团队递交加入优质乳工程的申请。经过专家的调研与技术指导，青岛琴牌于 2017 年 3 月全面启动实施优质乳工程。

国家奶业科技创新联盟副理事长顾佳升参加青岛新希望琴牌乳业有限公司
优质乳工程启动会（2017 年 2 月 18 日）

（四）优质乳工程验收

根据《优质乳工程管理办法》的相关规定，国家奶业科技创新联盟 2017 年 4 月对青岛琴牌开展了验证和现场验收，包括产品的奶源（牧场）、加工前奶源的投料罐和每种优质乳产品的验证；所有生产优质乳产品生产线的保留时间和温度的验证；优质乳产品储藏、运输和销售终端冷链温度的验证；牧场奶源生产管理情况、加工厂工艺参数控制、产品质量控制情况的现场查看和记录验证等。

2017 年 5 月 2 日，国家奶业科技创新联盟组织专家听取青岛琴牌企业汇报，专家组宣布青岛琴牌奶源、工艺和产品符合《优质乳工程管理办法》验收标准，通过优质乳工程的验收决议。

青岛新希望琴牌乳业有限公司优质乳工程验收会（2017 年 5 月 3 日）

（五）优质乳工程抽检

根据《优质乳工程管理办法》规定，国家奶业科技创新联盟于2018年11月和2019年7月对青岛琴牌开展了抽检工作。

参加抽检的3款优质乳工程产品各项指标符合《优质巴氏杀菌乳》（T/TDSTIA 004—2019）的规定：糠氨酸 ≤ 12mg/100g 蛋白质，乳铁蛋白 ≥ 25mg/L，β–乳球蛋白 ≥ 2 200mg/L。

（六）企业开展的优质乳工程活动

1. 举办第七届中国优质乳工程新鲜盛典

2019 年 9 月 17 日，被誉为"中国鲜奶开发者大会"的第七届新鲜盛典在青岛召开。新希望乳业携手大数据、新零售以及奶业行业专家与重点企业代表，共研中国奶业的科技"芯"浪潮，共商民族乳企的数字化转型，共建中国鲜奶的新时代。会上，新希望乳业启动面向"新鲜"的数字化战略，与行业代表共同发出行业共建、产业互联的倡导，呼吁民族乳企共同建设"国民鲜奶"，提升中国乳业的新鲜竞争力。

第七届中国好鲜奶·新鲜盛典（2019 年 9 月 17 日）

2. 宣传优质乳活动情况

作为山东省首家通过优质乳认证的企业，2019 年 6 月 25 日，围绕实施食品安全战略和"尚德守法 食品安全让生活更美好"的食品安全周活动主题，青岛市市场监督管理局联合胶州市市场监督管理局，邀请人大代表、政协委员、社会监督员、学校食品安全负责人、消费者代表及新闻媒体等 30 余人走进"食安山东"示范企业青岛新希望琴牌乳业有限公司进行实地参观，亲身体验了食品生产加工领域食品安全管理、生产过程控制和食品行业的高质量发展状况。

2018 年起，青岛琴牌工厂开设了优质乳透明工厂游活动，了解牛奶杀菌以及检测的工艺，自此以后每周末青岛琴牌透明工厂游对外准时开放，让消费者感受先进科技对于奶牛健康及牛奶品质的影响。

青岛市市场监督管理局等相关部门领导参观青岛琴牌工厂

消费者走进青岛琴牌透明工厂游

五、河北新希望天香乳业有限公司

（一）企业介绍

河北新希望天香乳业有限公司（以下简称"河北天香"）日加工能力达到 400 吨。

河北新希望天香乳业有限公司工厂

河北天香牛奶商标

（二）优质乳工程产品介绍

河北天香共有 1 家牧场和 2 条生产线供应优质乳生产，旗下优质乳产品当前均采用的是 75℃ 15s 巴氏杀菌工艺。

河北天香乳品优质乳产品名称及编号

序号	企业名称	产品名称	优质乳产品编号
1	河北新希望天香乳业有限公司	新希望鲜时送鲜牛奶 190mL 玻璃瓶	CEMA-N01301PM
2		新希望 24 小时鲜牛乳 450mL 屋顶盒	CEMA-N01302PM
3		新希望 24 小时鲜牛乳 950mL 屋顶盒	CEMA-N01303PM

优质乳产品名称　新希望鲜时送鲜牛奶 190mL 玻璃瓶

优质乳产品编号　CEMA-N01301PM

验 收 时 间　2017 年 12 月 18 日

复评审时间　2020 年 8 月 28 日

抽 检 时 间　2019 年 10 月 18 日

所有指标均符合《优质巴氏杀菌乳》标准

优质乳产品名称　　新希望 24 小时鲜牛乳 450mL

　　　　　　　　　　屋顶盒

优质乳产品编号　　CEMA-N01302PM

验 收 时 间　　2020 年 8 月 28 日

所有指标均符合《优质巴氏杀菌乳》标准

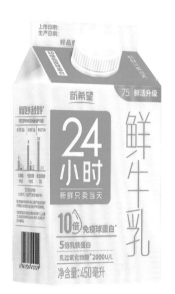

优质乳产品名称　　新希望 24 小时鲜牛乳 950mL

　　　　　　　　　　屋顶盒

优质乳产品编号　　CEMA-N01303PM

验 收 时 间　　2020 年 8 月 28 日

所有指标均符合《优质巴氏杀菌乳》标准

（三）优质乳工程启动

2017 年 5 月，河北新希望天香乳业有限公司向国家奶业科技创新联盟申请实施优质乳工程。经过专家的调研与技术指导，河北天香于 2017 年 7 月全面启动实施优质乳工程。

河北新希望天香乳业有限公司文件

河香[2017]42 号　　　签发人：赵群辉

关于成立优质乳工程小组的通知

各部门：

河北新希望天香乳业有限公司优质乳工程于 2017 年 7 月 10 日正式启动，为了确保各部门之间更好的衔接，推动项目的顺利进行，现成立河北新希望天香乳业有限公司优质乳工程小组，遵照公司"三定一追踪"的原则，明确小组成员及其职责。

一、小组成员

组长：赵群辉

河北新希望天香关于成立优质乳工程小组的通知

（四）优质乳工程验收

根据《优质乳工程管理办法》的相关规定，国家奶业科技创新联盟2017年12月对河北天香开展了验证和现场验收，包括产品的奶源（牧场）、加工前奶源的投料罐和每种优质乳产品的验证；所有生产优质乳产品生产线的保留时间和保持温度的验证；优质乳产品储藏、运输和销售终端冷链温度的验证；牧场奶源生产管理情况、加工厂工艺参数控制、产品质量控制情况的现场查看和记录验证等。

2017年12月18日，国家奶业科技创新联盟组织专家听取河北天香企业汇报，专家组宣布河北天香奶源、工艺和产品符合《优质乳工程管理办法》验收标准，通过优质乳工程的验收决议。

河北新希望天香乳业有限公司优质乳工程验收会（2017年12月18日）

（五）优质乳工程复评审验收

根据《优质乳工程管理办法》的相关规定，国家奶业科技创新联盟 2020 年 1 月对河北天香开展了复评审验收，奶源、生产线、产品及储运环节等要求与验收一致。

2020 年 8 月，国家奶业科技创新联盟组织专家线上听取了企业汇报，查阅复评审检测结果，宣布其奶源符合《生乳用途分级技术规范》（T/TDSTIA 001—2019）的规定、工艺符合《优质巴氏杀菌乳加工工艺技术规范》（T/TDSTIA 011—2019）的规定、巴氏杀菌乳产品符合《优质巴氏杀菌乳》（T/TDSTIA 004—2019）的规定：糠氨酸 $\leqslant$ 12mg/100g 蛋白质，乳铁蛋白 $\geqslant$ 25mg/L，β - 乳球蛋白 $\geqslant$ 2 200mg/L，河北天香巴氏杀菌产品通过优质乳工程复评审验收。

（六）优质乳工程抽检

根据《优质乳工程管理办法》规定，国家奶业科技创新联盟于 2019 年 10 月对河北天香开展了抽检工作。

参加抽检的 1 款优质乳工程产品各项指标符合《优质巴氏杀菌乳》（T/TDSTIA 004—2019）的规定：糠氨酸 $\leqslant$ 12mg/100g 蛋白质，乳铁蛋白 $\geqslant$ 25mg/L，β - 乳球蛋白 $\geqslant$ 2 200mg/L。

（七）企业开展的优质乳工程活动

1. 河北新希望天香乳业鲜奶品鉴会

2019 年 3 月 28 日，以"新乳业·鲜未来"为主题的巴氏鲜奶媒体品鉴会在河北天香工厂拉开帷幕。河北省奶业协会秘书长袁运生、河北省营养学会常务理事、保定市营养学会理事长吕春萍以及各大主流媒体出席活动。

品鉴会现场，河北天香重点推出 24 小时巴氏鲜牛乳等产品。作为优质乳工程认证的旗舰乳品，24 小时巴氏鲜牛乳所富含的天然活性营养是普通牛奶的三倍之多，不啻于"最大化保留活性营养"的鲜奶产品，其生产加工过程对原料奶的品质保障和供应链管理提出了极高要求。

河北天香乳业总经理品鉴会发言

2. 开展"透明工厂亲子游"活动

在稳步推进优质乳产品优化的同时，河北天香还不断开展"透明工厂亲子游"活动，致力于优质乳理念的全民普及和推广。邀请乳品行业的专家对优质巴氏鲜奶进行了全面的分析和解读，以专业严谨的实验室数据和营养学知识为消费者们展现优质巴氏杀菌乳的鲜活营养价值。为了帮助消费者们理解专业数据背后的实际意义，河北天香还依托"食育乐园"创作丰富多彩的动画作品，以活泼易懂的方式告诉妈妈和宝宝们三倍活性营养物质如何有助提高免疫力，可以让孩子们健康成长。迄今为止，河北天香已累计邀请十余万消费者家庭来到优质乳工厂，2017 年新希天香乳业被列为保定市青少年教育实践基地。

河北天香优质乳透明工厂游活动

3. 提升检测能力

河北天香乳业从 2017 年起安排人员积极参加农业农村部奶及奶制品质量安全监督检验测试中心（北京）组织的牛奶中糠氨酸、乳果糖、乳铁蛋白、α–乳白蛋白和 β–乳球蛋白等指标检测技术现场培训，具备优质乳产品核心指标的检测能力。

河北天香乳业检测人员进行优质乳产品检测

六、新希望双喜乳业（苏州）有限公司

（一）企业介绍

新希望双喜乳业（苏州）有限公司（以下简称"苏州双喜"）是目前苏州地区最大的乳品生产厂家。

新希望双喜乳业（苏州）有限公司工厂

苏州双喜牛奶商标

（二）优质乳工程产品介绍

"新希望24小时鲜牛乳"作为苏州双喜产品，进行优质乳技术创新，推进75℃15s杀菌技术，产品加工工艺从79℃降到75℃，最大程度地保留牛奶中的活性营养物质。

苏州双喜乳品优质乳产品名称及编号

序号	企业名称	产品名称	优质乳产品编号
1	新希望双喜乳业（苏州）有限公司	新希望24小时鲜牛乳 950mL 屋顶盒	CEMA-N01401PM

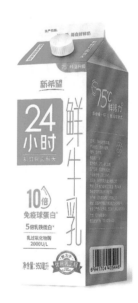

优质乳产品名称 新希望24小时鲜牛乳 950mL 屋顶盒

优质乳产品编号 CEMA-N01401PM

验收时间 2017年12月29日

所有指标均符合《优质巴氏杀菌乳》标准

状况：暂不生产

（三）优质乳工程启动

2016 年，苏州双喜向中国农业科学院奶业创新团队递交加入优质乳工程的申请。经过专家的调研与技术指导，2017 年 1 月苏州双喜全面启动实施优质乳工程。

新希望双喜乳业(苏州)有限公司文件

新双乳苏（2017）48 号

签发：张海涛

关于优质乳项目工作小组成立的通知

各部门：

为保证本公司优质乳项目工作推进，经公司研究决定，成立优质乳项目工作小组，制定优质乳项目小组工作管理方案，以落实公司的优质乳项目方案实施。

一、优质乳小组成员表：

序号	姓名	组内职务	岗位/职务
1	张海涛	组长	总经理
2	许耀强	执行副组长	顾问

苏州双喜关于成立优质乳工程小组的通知

（四）优质乳工程验收

根据《优质乳工程管理办法》的相关规定，国家奶业科技创新联盟2017年12月对苏州双喜开展了验证和现场验收，包括产品的奶源（牧场）、加工前奶源的投料罐和每种优质乳产品的验证；所有生产优质乳产品生产线的保留时间和保持温度的验证；优质乳产品储藏、运输和销售终端冷链温度的验证；牧场奶源生产管理情况、加工厂工艺参数控制、产品质量控制情况的现场查看和记录验证等。

2017年12月29日，国家奶业科技创新联盟组织专家听取苏州双喜企业汇报，专家组宣布苏州双喜奶源、工艺和产品符合《优质乳工程管理办法》验收标准，通过优质乳工程的验收决议。

中国优质乳工程新希望双喜乳业（苏州）有限公司验收会（2017年12月29日）

新希望双喜乳业（苏州）有限公司优质乳工程授牌仪式（2017 年 12 月 29 日）

（五）企业开展的优质乳工程活动

1. 与江苏省人民政府签署《现代农业战略合作框架协议》

2017 年 12 月 1 日，南京—江苏现代农业科技大会上新希望集团与江苏省人民政府签署《现代农业战略合作框架协议》，未来双方将围绕畜禽养殖业规模化、智能化、生态化发展、精准扶贫等开展技术合作；并将重点推广新希望明星产品 24 小时鲜牛乳。

2. 宣传优质乳活动情况

作为江苏省首家通过优质乳认证的企业，2017 年 12 月 19 日，苏州市食品药品监督管理局开展的"食品安全进工厂、进食堂活动"中，苏州市食品药品监督管理局相关领导、权威媒体记者以及消费者代表，走进苏州双喜工厂，见证"透明"工厂是如何生产出让消费者满意、放心的优质乳品。

2017 年通过优质乳验收后，食育教育优质乳传播苏州双喜开设了优质乳透明工厂游活动，小朋友及家长们可以了解牛奶杀菌以及检测的工艺，同时，也可以在现代化工厂中见证优质乳的诞生。

七、西昌新希望三牧乳业有限公司

（一）企业介绍

西昌新希望三牧乳业有限公司（以下简称"西昌三牧"）是攀西地区农业产业化龙头企业。

西昌新希望三牧乳业有限公司工厂

西昌三牧牛奶商标

（二）优质乳工程产品介绍

西昌三牧鲜牛乳进行优质乳技术创新，最大程度地保留牛奶中的活性营养物质。

新希望西昌三牧乳品优质乳产品名称及编号

序号	企业名称	产品名称	优质乳产品编号
1	西昌新希望三牧乳业有限公司	新希望鲜牛乳 250g 屋顶盒	CEMA-N02401PM
2		新希望鲜牛乳 500g 屋顶盒	CEMA-N02402PM

优质乳产品名称　新希望鲜牛乳 250g 屋顶盒

优质乳产品编号　CEMA-N02401PM

验 收 时 间　2018 年 6 月 26 日

所有指标均符合《优质巴氏杀菌乳》标准

状况：暂不生产

优质乳产品名称　新希望鲜牛乳 500 g 屋顶盒

优质乳产品编号　CEMA-N02402PM

验 收 时 间　2018 年 6 月 26 日

所有指标均符合《优质巴氏杀菌乳》标准

状况：暂不生产

（三）优质乳工程启动

2018年1月，西昌三牧向国家奶业科技创新联盟递交实施优质乳工程申请。经过专家的调研与技术指导，同月西昌三牧全面启动实施优质乳工程。

西昌新希望三牧乳业有限公司优质乳工程启动

（四）优质乳工程验收

根据《优质乳工程管理办法》的相关规定，国家奶业科技创新联盟2018年5月对西昌三牧开展了验证和现场验收，包括产品的奶源（牧场）、加工前奶源的投料罐和每种优质乳产品的验证；所有生产优质乳产品生产线的保留时间和保持温度的验证；优质乳产品储藏、运输和销售终端冷链温度的验证；牧场奶源生产管理情况、加工厂工艺参数控制、产品质量控制情况的现场查看和记录验证等。

2018年6月26日，国家奶业科技创新联盟组织专家听取西昌三牧企业汇报，专家组宣布其奶源符合《优质生乳》（MRT/B 01—2018）中特优级生乳的规定，工艺和产品符合《优质巴氏杀菌乳》（MRT/B 02—2018）的规定，通过优质乳工程的验收。

西昌新希望三牧乳业有限公司验收新闻发布会（2018年6月26日）

（五）企业开展的优质乳工程活动

1. 提升检测能力

西昌三牧安排人员积极参加农业农村部奶及奶制品质量安全监督检验测试中心（北京）组织的牛奶中糠氨酸、乳果糖、乳铁蛋白、α-乳白蛋白和β-乳球蛋白等指标检测技术现场培训，具备优质乳产品核心指标的检测能力。

2. 宣传优质乳活动情况

西昌三牧从2018年起针对消费者开展的主题宣传活动，引导消费者正确消费优质乳。并以自由媒体为主、第三方媒体为辅，通过多种表达方式进行优质乳科普宣传。

八、安徽新希望白帝乳业有限公司

（一）企业介绍

安徽新希望白帝乳业有限公司（以下简称"安徽白帝"）加工生产能力为日产乳品 300 吨。

安徽新希望白帝乳业有限公司工厂

新希望白帝牛奶商标

（二）优质乳工程产品介绍

安徽白帝以肥东现代牧业为优质乳奶源供应商和玻璃瓶高速线、中亚 PET 线为生产线供应优质乳生产，优质乳产品当前均采用的是 75℃ 15s 巴氏杀菌工艺。

安徽白帝乳品优质乳产品名称及编号

序号	企业名称	产品名称	优质乳产品编号
1	安徽新希望白帝乳业有限公司	新希望白帝 24 小时鲜牛乳 195g 玻璃瓶	CEMA-N02601PM
2		新希望 24 小时鲜牛乳 255mL PET 瓶	CEMA-N02602PM

优质乳产品名称	新希望 24 小时鲜牛乳 195g 玻璃瓶
优质乳产品编号	CEMA-N02601PM
验 收 时 间	2018 年 10 月 28 日
第一次抽检时间	2019 年 11 月 7 日
第二次抽检时间	2020 年 4 月 19 日

所有指标均符合《优质巴氏杀菌乳》标准

优质乳产品名称	新希望 24 小时鲜牛乳 255mL PET 瓶
优质乳产品编号	CEMA-N02602PM
第一次抽检时间	2019 年 11 月 7 日
第二次抽检时间	2020 年 4 月 19 日

所有指标均符合《优质巴氏杀菌乳》标准

（三）优质乳工程启动

根据《优质乳工程管理办法》的相关规定，2018 年 7 月安徽白帝向国家奶业科技创新联盟提交申请表和企业生产情况调查表等，申请实施优质乳工程；经过专家的调研与技术指导，同月安徽白帝全面启动实施优质乳工程。

安徽新希望白帝乳业有限公司文件

关于成立优质乳工程小组的通知

安徽新希望白帝乳业有限公司各部门：

安徽新希望白帝乳业有限公司优质乳工程于 2018 年 7 月 1 日正式启动，为了确保各部门之间更好的衔接，推动项目的顺利进行，现成立白帝公司优质乳工程小组，遵照公司"三定一追踪"的原则，明确小组成员及其职责。

一、小组成员

组长：李严

副组长：杨旭

组员：陈虎能、黄瑞琦、吴明鼎、袁亚娜、姚冉冉、陈文进、方丹丹、李龙、佟永恒、张洁、张丰华、史晓光、郝长青

姓名	分公司、部门	职责
李严	白帝	负责白帝内外的整体协调、实施。
陈虎能	白帝	负责工程在白帝内部的具体实施。

安徽白帝关于成立优质乳工程小组的通知

（四）优质乳工程验收

根据《优质乳工程管理办法》的相关规定，国家奶业科技创新联盟2018年10月对安徽白帝工厂开展了验证和现场验收，包括产品的奶源（牧场）、加工前投料罐和每种优质乳产品的验证；所有生产优质乳产品生产线的保留时间和保持温度的验证；优质乳产品储藏、运输和销售终端冷链温度的验证；牧场奶源生产管理情况、加工厂工艺参数控制、产品质量控制情况的现场查看和记录验证等。

2018年10月28日，国家奶业科技创新联盟组织专家听取安徽白帝企业汇报，专家组宣布其奶源符合《优质生乳》（MRT/B 01—2018）中特优级生乳的规定，工艺和产品符合《优质巴氏杀菌乳》（MRT/B 02—2018）的规定，通过优质乳工程的验收。

安徽新希望白帝乳业有限公司优质乳工程验收会（2018年10月28日）

安徽白帝新希望 24 小时玻璃瓶优质乳生产线

（五）优质乳工程抽检

根据《优质乳工程管理办法》规定，国家奶业科技创新联盟于2019年11月和2020年4月对安徽白帝开展了抽检工作。

参加抽检的2款优质乳工程产品各项指标符合《优质巴氏杀菌乳》（T/TDSTIA 004—2019）的规定：糠氨酸≤12 mg/100 g蛋白质，乳铁蛋白≥25 mg/L，β-乳球蛋白≥2 200 mg/L。

（六）企业开展的优质乳工程活动

1. 提升检测能力

安徽白帝从 2018 年起安排人员积极参加农业农村部奶及奶制品质量监督检验测试中心（北京）组织牛奶中乳果糖的第三方能力验证检测，均已获得相应第三方能力验证证书。

安徽白帝检测人员进行检测考核

2. 宣传优质乳活动情况

安徽白帝从 2018 年起针对小朋友及家长开展了"优质乳透明工厂游"的科普宣传活动，引导消费者正确消费优质乳。

安徽白帝优质乳透明工厂游活动现场

九、湖南新希望南山液态乳业有限公司

（一）企业介绍

湖南新希望南山液态乳业有限公司（以下简称"湖南南山"）日生产鲜牛奶40吨。

湖南新希望南山液态乳业有限公司工厂

新鲜一代的选择

湖南南山牛奶商标

（二）优质乳工程产品介绍

湖南南山共有 3 家牧场、2 条生产线供应优质乳生产，旗下优质乳产品 24 小时系列当前均采用的是 75℃ 15s 巴氏杀菌工艺。

湖南南山乳品优质乳产品名称及编号

序号	企业名称	产品名称	优质乳产品编号
1	湖南新希望南山液态乳业有限公司	新希望 24 小时鲜牛乳 250mL 屋顶盒	CEMA–N02801PM
2		新希望 24 小时鲜牛乳 950mL 屋顶盒	CEMA–N02802PM
3		新希望南山 24 小时鲜牛乳 195mL 玻璃瓶	CEMA–N02803PM

优质乳产品名称　新希望 24 小时鲜牛乳 250mL 屋顶盒

优质乳产品编号　CEMA-N02801PM

验 收 时 间　2018 年 12 月 24 日

第一次抽检时间　2019 年 11 月 1 日

第二次抽检时间　2020 年 4 月 10 日

所有指标均符合《优质巴氏杀菌乳》标准

优质乳产品名称　　新希望 24 小时鲜牛乳 950mL

　　　　　　　　　　屋顶盒

优质乳产品编号　　CEMA-N02802PM

验 收 时 间　　2018 年 12 月 24 日

第一次抽检时间　　2019 年 11 月 1 日

第二次抽检时间　　2020 年 4 月 10 日

所有指标均符合《优质巴氏杀菌乳》标准

优质乳产品名称　　新希望南山 24 小时鲜牛乳 195mL

　　　　　　　　　　玻璃瓶

优质乳产品编号　　CEMA-N02803PM

验 收 时 间　　2018 年 12 月 24 日

第一次抽检时间　　2019 年 11 月 1 日

第二次抽检时间　　2020 年 4 月 10 日

所有指标均符合《优质巴氏杀菌乳》标准

（三）优质乳工程启动

根据《优质乳工程管理办法》的相关规定，2018年8月湖南南山向国家奶业科技创新联盟提交申请表和企业生产情况调查表等，申请实施优质乳工程。经过专家的调研与技术指导，2018年9月湖南南山全面启动实施优质乳工程。

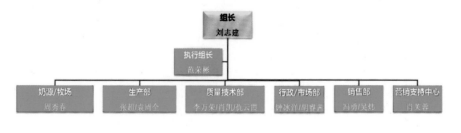

湖南南山关于成立优质乳工程小组的通知

国家奶业科技创新联盟副理事长顾佳升在湖南南山进行指导

（四）优质乳工程验收

根据《优质乳工程管理办法》的相关规定，国家奶业科技创新联盟 2018 年 12 月对湖南南山工厂开展了验证和现场验收，包括产品的奶源（牧场）、加工前投料罐和每种优质乳产品的验证；所有生产优质乳产品生产线的保留时间和保持温度的验证；优质乳产品储藏、运输和销售终端冷链温度的验证；牧场奶源生产管理情况、加工厂工艺参数控制、产品质量控制情况的现场查看和记录验证等。

2018 年 12 月 24 日，国家奶业科技创新联盟组织专家听取湖南南山企业汇报，专家组宣布其奶源符合《优质生乳》（MRT/B 01—2018）中特优级生乳的规定，工艺和产品符合《优质巴氏杀菌乳》（MRT/B 02—2018）的规定，通过优质乳工程的验收。

湖南新希望南山乳业有限公司优质乳工程验收会（2018 年 12 月 24 日）

（五）优质乳工程抽检

根据《优质乳工程管理办法》规定，国家奶业科技创新联盟于 2019 年 11 月和 2020 年 4 月对湖南南山开展了抽检工作。

参加抽检的 3 款优质乳工程产品各项指标符合《优质巴氏杀菌乳》（T/TDSTIA 004—2019）的规定：糠氨酸 ≤ 12mg/100g 蛋白质，乳铁蛋白 ≥ 25mg/L，β–乳球蛋白 ≥ 2 200mg/L。

（六）企业开展的优质乳工程活动

1. 提升检测能力

湖南南山从 2018 年起安排人员积极参加学习总部组织的牛奶中糠氨酸、乳果糖、乳铁蛋白、α - 乳白蛋白和 β - 乳球蛋白等检测技术，并参加了 2019 年农业农村部奶及奶制品质量安全监督检验测试中心（北京）组织的牛奶中糠氨酸、乳果糖等指标检测能力验证，具备优质乳产品核心指标的检测能力。

湖南南山检测人员进行日常检测

2. 宣传优质乳活动情况

针对小朋友及家长开展了一系列的"食育课堂"的科普宣传活动，并与卖场联合推动优质乳产品宣传活动，深入消费者群体，让更多人了解优质乳，引导消费者正确认识优质乳。

湖南南山食育课堂的科普宣传活动

湖南南山优质乳宣传

企 业 名 称：福建长富乳品有限公司

优质乳企业编号：CEMA-N004

法 定 代 表 人：蔡永康

企 业 地 址：福建省南平市延平区长富路 168 号

一、企业介绍

福建长富乳品有限公司（以下简称"长富乳品"）创建于 1998 年，是集牧草种植、奶牛饲养、乳品生产、市场销售以及科研技术为一体的农业产业化龙头企业。巴氏鲜奶在福建省销量稳居第一，市场占有率达 90%以上。

福建长富乳品有限公司

福建长富乳品有限公司优质乳工程示范标杆牧场

二、优质乳工程产品介绍

长富乳品共有 14 家牧场和 2 条生产线供应优质乳生产，旗下优质巴氏杀菌乳产品当前均采用的是 75℃ 15s 巴氏杀菌工艺，最大程度地保留了包括活性免疫球蛋白、活性乳铁蛋白、活性 α-乳白蛋白、活性 β-乳球蛋白、活性钙、生长因子、生物活性肽等数百种活性营养物质。

长富乳品优质乳产品名称及编号

序号	企业名称	产品名称	优质乳产品编号
1		长富巴氏鲜奶鲜牛奶 200mL 纸杯	CEMA-N00401PM
2		长富儿童巴氏鲜奶鲜牛奶 230mL 屋顶盒	CEMA-N00402PM
3		长富巴氏鲜奶鲜牛奶 250mL 屋顶盒	CEMA-N00403PM
4	福建长富乳品有限公司	长富巴氏鲜奶鲜牛奶 500mL 屋顶盒	CEMA-N00404PM
5		长富巴氏鲜奶鲜牛奶 1L 屋顶盒	CEMA-N00405PM
6		长富巴氏鲜奶鲜牛奶 200mL 玻璃瓶	CEMA-N00406PM
7		长富致鲜巴氏鲜奶鲜牛奶 475mL 屋顶盒	CEMA-N00407PM
8		长富致鲜巴氏鲜奶鲜牛奶 950mL 屋顶盒	CEMA-N00408PM
9		长富巴氏鲜奶鲜牛奶 221mL 袋	CEMA-N00409PM

优质乳产品名称 长富巴氏鲜奶鲜牛奶 200mL 纸杯

优质乳产品编号 CEMA-N00401PM

验 收 时 间 2017 年 2 月 15 日

第一次复评审时间 2018 年 8 月 5 日

第二次复评审时间 2020 年 8 月 10 日

第一次抽检时间 2019 年 8 月 19 日

第二次抽检时间 2020 年 4 月 11 日

所有指标均符合《优质巴氏杀菌乳》标准

优质乳产品名称	长富儿童巴氏鲜奶鲜牛奶 230mL 屋顶盒
优质乳产品编号	CEMA-N00402PM
验 收 时 间	2018 年 8 月 5 日
复 评 审 时 间	2020 年 8 月 10 日
第一次抽检时间	2019 年 8 月 19 日
第二次抽检时间	2020 年 4 月 11 日

所有指标均符合《优质巴氏杀菌乳》标准

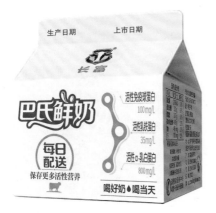

优质乳产品名称	长富巴氏鲜奶鲜牛奶 250mL 屋顶盒
优质乳产品编号	CEMA-N00403PM
验 收 时 间	2018 年 8 月 5 日
复 评 审 时 间	2020 年 8 月 10 日
第一次抽检时间	2019 年 8 月 19 日
第二次抽检时间	2020 年 4 月 11 日

所有指标均符合《优质巴氏杀菌乳》标准

优质乳产品名称	长富巴氏鲜奶鲜牛奶 500mL 屋顶盒

优质乳产品编号　CEMA-N00404PM

验 收 时 间　2018 年 8 月 5 日

复 评 审 时 间　2020 年 8 月 10 日

第一次抽检时间　2019 年 8 月 19 日

第二次抽检时间　2020 年 4 月 11 日

所有指标均符合《优质巴氏杀菌乳》标准

优质乳产品名称　长富巴氏鲜奶鲜牛奶 1L 屋顶盒

优质乳产品编号　CEMA-N00405PM

验 收 时 间　2018 年 8 月 5 日

复 评 审 时 间　2020 年 8 月 10 日

第一次抽检时间　2019 年 8 月 19 日

第二次抽检时间　2020 年 4 月 11 日

所有指标均符合《优质巴氏杀菌乳》标准

优质乳产品名称	长富巴氏鲜奶鲜牛奶 200mL 玻璃瓶
优质乳产品编号	CEMA-N00406PM
验收时间	2018 年 8 月 5 日
复评审时间	2020 年 8 月 10 日
第一次抽检时间	2019 年 8 月 19 日
第二次抽检时间	2020 年 4 月 18 日

所有指标均符合《优质巴氏杀菌乳》标准

优质乳产品名称	长富致鲜巴氏鲜奶鲜牛奶 475mL 屋顶盒
优质乳产品编号	CEMA-N00407PM
验收时间	2018 年 8 月 5 日
复评审时间	2020 年 8 月 10 日
第一次抽检时间	2019 年 8 月 19 日
第二次抽检时间	2020 年 4 月 11 日

所有指标均符合《优质巴氏杀菌乳》标准

优质乳产品名称	长富致鲜巴氏鲜奶鲜牛奶 950mL 屋顶盒
优质乳产品编号	CEMA-N00408PM
验 收 时 间	2018 年 8 月 5 日
复 评 审 时 间	2020 年 8 月 10 日
第一次抽检时间	2019 年 8 月 19 日
第二次抽检时间	2020 年 4 月 11 日

所有指标均符合《优质巴氏杀菌乳》标准

优质乳产品名称	长富巴氏鲜奶鲜牛奶 221mL 袋
优质乳产品编号	CEMA-N00409PM
验 收 时 间	2018 年 8 月 5 日
复 评 审 时 间	2020 年 8 月 10 日
第一次抽检时间	2019 年 8 月 19 日
第二次抽检时间	2020 年 4 月 11 日

所有指标均符合《优质巴氏杀菌乳》标准

三、优质乳工程启动

2014年8月，长富乳品向中国农业科学院奶业创新团队提交申请表和企业生产情况调查表等，申请实施优质乳工程。经过专家的调研与技术指导，长富乳品于2016年6月全面启动实施优质乳工程。

福建长富乳品有限公司文件

闽长乳品[2016]86号

关于成立优质乳工程工作小组的通知

各部门、车间：

　　优质乳是中国奶业发展的方向，优质乳工程是奶业供给侧结构性改革的重要抓手之一。2016年6月18日，中国农科院牧医所奶业创新团队优质乳工程专家莅临我公司调研，在综合调研论证基础上，一致认为我公司已经围绕优质乳工程开展了大量扎实、卓有成效的前期工作，尤其是在北京进行了糠氨酸和乳果糖检测技术等人才培养，奠定了较好基础，具备了全面实施优质乳工程的条件，建议我公司以优质巴氏杀菌奶产品为突破口，全面启动实施优质乳工程，力争在8月份建立优质乳生产线，并通过验收，全面投入市场。

　　为扎实推进我公司优质乳工程工作的顺利实施，经研究，决定成立长富优质乳工程工作小组，名单如下：

　　组　　长：蔡永康（董事长兼总经理）

　　副组长：潘永胜（副总经理，分管生产）

　　　　　　何水双（总经理助理、总经办主任）

长富乳品关于成立优质乳工程小组的通知

国家奶业科技创新联盟理事长王加启在长富乳品工厂指导

国家奶业科技创新联盟秘书长张养东在长富乳品牧场指导

四、优质乳工程验收

根据《优质乳工程管理办法》规定，中国农业科学院奶业创新团队2016年10月对长富乳品开展了验证和现场验收，包括产品的奶源（牧场）、加工前奶源的投料罐和每种优质乳产品的验证；生产优质乳产品生产线的保留时间和保持温度的验证；优质乳产品储藏、运输和销售终端冷链温度的验证；牧场奶源生产管理情况、加工厂工艺参数控制、产品质量控制情况的现场查看和记录验证等。

2017年2月15日，国家奶业科技创新联盟组织专家听取企业汇报，宣布其奶源、产品符合《优质乳工程管理办法》验收标准，并形成长富乳品通过优质乳工程的验收决议。

福建长富乳品有限公司优质乳工程验收会（2017年2月15日）

福建长富乳品有限公司通过验收发布会（2017 年 2 月 16 日）

长富乳品优质乳生产线 1

长富乳品优质乳生产线 2

长富乳品前处理自动化生产车间

五、优质乳工程复评审验收

根据《优质乳工程管理办法》规定，国家奶业科技创新联盟 2018 年 8 月对长富乳品开展了复评审验收工作，奶源、生产线、产品及储运环节等要求与验收一致。

2018 年 8 月 5 日，国家奶业科技创新联盟组织专家听取企业汇报，宣布其全部牧场奶源符合《优质生乳》（MRT/B 01—2018）中特优级生乳的规定、工艺和产品符合《优质巴氏杀菌乳》（MRT/B 02—2018）的规定，长富乳品巴氏杀菌乳产品通过优质乳工程复评审。长富乳品成为全国首家巴氏鲜奶全系列 9 款产品通过中国优质乳工程验收的企业，也是首家通过复评审的企业。

长富乳品复评审会议

六、优质乳工程抽检

　　根据《优质乳工程管理办法》规定，国家奶业科技创新联盟于2019年8月和2020年4月对长富乳品开展了抽检工作。

　　参加抽检的9款优质乳工程产品各项指标符合《优质巴氏杀菌乳》（T/TDSTIA 004—2019）的规定：糠氨酸 ≤ 12mg/100g蛋白质，乳铁蛋白 ≥ 25mg/L，β－乳球蛋白 ≥ 2 200mg/L。

七、企业开展的优质乳工程活动

（一）连续三届举办中国优质乳工程巴氏鲜奶发展论坛

第一届中国优质乳工程巴氏鲜奶发展论坛：2017 年 8 月 22 日，国家奶业科技创新联盟主办，长富乳品承办的"第一届中国优质乳工程巴氏鲜奶发展论坛"在福建福州召开。本届论坛发布了《福州宣言》，首次将国家优质乳核心标准明确为天然活性营养。牛奶中的天然活性营养只存在于巴氏鲜奶中，未来国内将全面普及巴氏鲜奶，预示着我国奶业将加速进入巴氏鲜奶时代。

第一届中国优质乳工程巴氏鲜奶发展论坛（2017 年 8 月 22 日）

第二届中国优质乳工程巴氏鲜奶发展论坛：2018年8月20日，国家奶业科技创新联盟主办，长富乳品承办的"第二届中国优质乳工程巴氏鲜奶发展论坛"在福建厦门召开。本届论坛正式公布了优质乳工程的技术规范，这是中国优质乳工程推行以来，首度正式公布技术规范，填补了行业的空白。

第二届中国优质乳工程巴氏鲜奶发展论坛（2018年8月20日）

第三届中国优质乳工程巴氏鲜奶发展论坛：2019 年 8 月 20 日，国家奶业科技创新联盟主办，长富乳品承办的"第三届中国优质乳工程巴氏鲜奶发展论坛"在福建武夷山召开。在本届论坛上全国 50 家乳企，联合发布了《新时代中国优质乳发展共同行动纲领》，人力打造本土优质奶，提振消费信心，助力民族奶业振兴。

第三届中国优质乳工程巴氏鲜奶发展论坛（2019 年 8 月 20 日）

（二）长富乳品优质乳工程牧场调研

2019 年 8 月 14 日，国家奶业科技创新联盟理事长王加启率队赴长富乳品优质乳工程牧场第十四牧场调研，指导优质生乳生产工作。第十四牧场是科技特派员实践基地，是习近平总书记当时在福建任省长期间落实的一项科技引领产业发展政策的成果体现，至今，正好是 20 周年。第十四牧场在优质乳工程的技术指导下，生乳指标优于欧盟和美国标准。

国家奶业科技创新联盟理事长王加启在长富乳品牧场调研

（三）优质乳工程标杆示范企业和优质乳工程标杆示范牧场

2019 年，长富乳品被选举为优质乳工程标杆示范企业和优质乳工程标杆示范牧场。

福建长富乳品有限公司

优质乳工程标杆示范企业

（2018.8.20-2020.8.19）

国家奶业科技创新联盟

长富乳品被评为优质乳工程标杆示范企业

长富第十四牧场
(南平市南山生态园有限公司)

优质乳工程标杆示范牧场

（2018.8.20-2020.8.19）

国家奶业科技创新联盟

长富牧场被评为优质乳工程标杆示范牧场

（四）长富乳品荣获优质乳工程科技创新奖

2019 年 5 月 5 日，第六届"奶牛营养与牛奶质量"国际研讨会上，长富乳品荣获"优质乳工程科技创新奖"和"优质乳工程科普贡献奖"。在"千人品鉴优质乳"活动上，长富巴氏 100％ 鲜牛奶获得"外国友人最喜爱金奖"产品称号。美国哈佛医学院麻省总医院 Fasano 教授认为长富巴氏 100％ 鲜牛奶是优质的产品，并希望长富牛奶会发展得更好。

福建长富乳品有限公司荣获"优质乳工程科技创新奖"

福建长富乳品有限公司荣获"优质乳工程科普贡献奖"

福建长富乳品有限公司巴氏 100％ 鲜牛奶荣获"外国友人最喜爱金奖"产品称号

（五）提升检测能力

从 2017 年起长富乳品安排人员积极参加农业农村部奶及奶制品质量安全监督检验测试中心（北京）组织的牛奶中糠氨酸、乳果糖、乳铁蛋白、α-乳白蛋白和 β-乳球蛋白等指标检测技术现场培训，具备优质乳产品核心指标的检测能力。

长富乳品检测人员进行优质乳产品相关检测

（六）宣传优质乳活动情况

从 2017 年起长富乳品针对小朋友及家长开展了"长富牛奶营养小课堂"的科普宣传活动，引导消费者正确消费优质乳。

长富乳品亲子 DIY 活动合影

企 业 名 称：辽宁辉山乳业集团有限公司

优质乳企业编号：CEMA-N005

法 定 代 表 人：杨　凯

企 业 地 址：沈阳市沈北新区虎石台北大街

120 号

一、企业介绍

辉山乳业集团有限公司（以下简称"辉山乳业"）坐落于中国辽宁，是国内率先践行乳业全产业链模式的乳制品企业之一。

辽宁辉山乳业集团有限公司工厂

辉山乳业优质示范牧场

二、优质乳工程产品介绍

辽宁辉山乳业集团有限公司共有 2 家牧场和 1 条生产线供应优质乳生产，旗下优质乳产品当前均采用的是 75℃ 15 s 巴氏杀菌工艺，最大程度地保留了牛奶中的乳铁蛋白、β－乳球蛋白等活性物质。

辉山乳业优质乳产品名称及编号

序号	企业名称	产品名称	优质乳产品编号
1		辉山鲜博士 75℃鲜鲜牛奶 250mL 屋顶盒	CEMA-N00501PM
2	辽宁辉山乳业集团（沈阳）有限公司	辉山鲜博士 75℃鲜鲜牛奶 485mL 屋顶盒	CEMA-N00502PM
3		辉山鲜博士 75℃鲜鲜牛奶 480mL PET 瓶	CEMA-N00503PM
4		辉山 75℃鲜鲜牛奶 220mL 爱克林袋	CEMA-N00504PM

优质乳产品名称　　辉山鲜博士 75℃鲜鲜牛奶 250mL 屋顶盒

优质乳产品编号　　CEMA-N00501PM

验 收 时 间　　2017 年 3 月 18 日

复 评 审 时 间　　2019 年 9 月 20 日

所有指标均符合《优质巴氏杀菌乳》标准

状况：已调整

优质乳产品名称　　辉山鲜博士 75℃鲜鲜牛奶 485mL 屋顶盒

优质乳产品编号　　CEMA-N00502PM

验 收 时 间　　2017 年 3 月 18 日

复评审时间　　2019 年 9 月 20 日

所有指标均符合《优质巴氏杀菌乳》标准

状况：已调整

优质乳产品名称　　辉山鲜博士 75℃鲜鲜牛奶 480mL PET 瓶

优质乳产品编号　　CEMA-N00503PM

验 收 时 间　　2017 年 3 月 18 日

复评审时间　　2019 年 9 月 20 日

所有指标均符合《优质巴氏杀菌乳》标准

状况：已调整

优质乳产品名称　　辉山 75℃鲜鲜牛奶 220mL 爱克林袋

优质乳产品编号　　CEMA-N00504PM

验 收 时 间　　2017 年 3 月 18 日

复评审时间　　2019 年 9 月 20 日

抽 检 时 间　　2020 年 5 月 17 日

所有指标均符合《优质巴氏杀菌乳》标准

三、优质乳工程启动

辉山乳业于 2016 年上半年向中国农业科学院奶业创新团队提交申请表和企业生产情况调查表等材料，申请实施优质乳工程。经过专家的调研与技术指导，辉山乳业于同年 7 月全面启动实施优质乳工程。

辽宁辉山乳业集团有限公司文件

辽辉乳发〔2016〕23 号　　　　签发人：杨凯

关于集团开展奶协优质乳工程的通知

集团各部门、各事业部、各公司：

经研究决定，辽宁辉山乳业集团有限公司已申请加入中国农科院牧医所奶业创新团队优质乳工程。

其中，一期申报产品为巴氏杀菌乳中的屋顶包、爱克林包装系列产品。后续将陆续申报灭菌乳中的杰茜系列产品、发酵乳中的十天系列产品以及婴幼儿配方粉产品（具体产品系列待定）。

巴氏杀菌乳优质乳项目已开始实施，计划在 2016 年 8 月完成。后续项目待巴氏杀菌乳项目完成后，再行制定完成时限及控制要求。

辉山乳业关于成立优质乳工程小组的通知

国家奶业科技创新联盟理事长王加启在辉山乳业牧场指导

国家奶业科技创新联盟副理事长顾佳升在辉山乳业培训指导

国家奶业科技创新联盟秘书长张养东在辉山乳业指导

四、优质乳工程验收

国家奶业科技创新联盟 2017 年 2 月对辉山乳业开展了验证和现场验收，包括产品的奶源（牧场）、加工前奶源的投料罐和拟申请验收优质乳产品的验证；所有生产优质乳产品生产线的保留时间和保持温度的验证；优质乳产品储藏、运输和销售终端冷链温度的验证；牧场奶源生产管理情况、加工厂工艺参数控制、产品质量控制情况的现场查看和记录验证等。

2017 年 3 月 18 日，国家奶业科技创新联盟组织专家对辉山乳业进行验收，宣布其奶源、工艺和产品符合《优质乳工程管理办法》验收标准，成功通过优质乳工程验收，并召开优质乳工程验收暨国家奶业科技创新联盟副理事长单位授牌新闻发布会。

辽宁辉山乳业集团有限公司优质乳工程验收会（2017 年 3 月 17 日）

辉山乳业通过优质乳工程验收新闻发布会

辉山乳业优质乳巴氏杀菌机

辉山乳业优质乳灌装机

五、优质乳工程复评审验收

根据《优质乳工程管理办法》规定，国家奶业科技创新联盟于 2019 年 9 月对辽宁辉山乳业集团有限公司开展了复评审验收，奶源、生产线、产品及储运环节等要求与验收一致。

2019 年 9 月 20 日，国家奶业科技创新联盟组织专家听取企业汇报，宣布其奶源符合《生乳用途分级技术规范》（T/TDSTIA 001—2019）的规定、工艺符合《优质巴氏杀菌乳加工工艺技术规范》（T/TDSTIA 011—2019）的规定、巴氏杀菌乳产品符合《优质巴氏杀菌乳》（T/TDSTIA 004—2019）的规定，辉山乳业巴氏杀菌产品通过优质乳工程复评审。

辽宁辉山乳业复评审会议（2019 年 9 月 20 日）

六、优质乳工程抽检

根据《优质乳工程管理办法》规定，国家奶业科技创新联盟于 2020 年 5 月对辽宁辉山乳业集团有限公司开展了抽检工作。

参加抽检的 1 款优质乳工程产品各项指标符合《优质巴氏杀菌乳》（T/TDSTIA 004—2019）的规定：糠氨酸 ≤ 12mg/100g 蛋白质，乳铁蛋白 ≥ 25mg/L，β - 乳球蛋白 ≥ 2 200mg/L。

七、企业开展的优质乳工程活动

（一）中国优质乳全产业链新鲜联盟启动

2016 年 6 月 30 日，国家奶业科技创新联盟理事长王加启、副理事长顾佳升、郑楠、周振峰四位专家受邀参加辉山鲜奶节。王加启理事长和顾佳升副理事长分别进行了主题演讲，并正式启动了中国优质乳全产业链新鲜联盟。巴氏鲜奶将成为引领中国乳业恢复快速增长的核心，对于践行发展优质乳工程、提升消费信心以及中国乳业的未来发展具有重大意义和作用。

第三届沈阳国际鲜奶节（2016 年 6 月 30 日）

中国优质乳全产业链新鲜联盟启动仪式（2016 年 6 月 30 日）

（二）辉山乳业调研

2016 年 11 月 27 日，国家奶业科技创新联盟理事长王加启、副理事长郑楠和秘书长张养东到辉山乳业调研，讨论了辉山优质乳工程相关技术问题，交流了优质乳工程相关工作进展和指导下一步工作方向。

（三）辉山乳业沈阳加工厂荣获优质乳工程科技创新奖

2019 年 5 月 5 日，第六届"奶牛营养与牛奶质量"国际研讨会上，辉山乳业沈阳加工厂荣获"优质乳工程绿色发展奖"称号，表明了辉山乳业沈阳加工厂在实施优质乳工程过程中的科技支撑产业成果得到了国内外专家评委的广泛认可。

辉山乳业沈阳加工厂荣获"优质乳工程科技创新奖"

（四）提升检测能力

辉山乳业于 2016 年 5 月启动了糠氨酸和乳果糖的检测项目，2017 年分别开展了碱性磷酸酶、乳铁蛋白和 β - 乳球蛋白等指标检测项目。辉山乳业连续几年实验室均与农业农村部奶及奶制品质量安全监督检验测试中心（北京）实验室进行能力比对，同时实验室内部开展人员比对工作，确保实验室检测能力不断提升和检测结果的准确性，具备优质乳产品核心指标的检测能力。

辉山乳业检测人员进行检测考核

（五）宣传优质乳活动情况

从 2017 年起，辉山乳业不断拓展宣传推广渠道，创新 O2O 推广模式，带给消费者更便捷的消费体验，持续对以巴氏鲜奶为代表的优质乳产品进行宣传教育，向消费者传递"活性、鲜活、营养"的消费理念。

辉山乳业宣传活动现场 1

辉山乳业宣传活动现场 2

企 业 名 称： 重庆市天友乳业股份有限公司

优质乳企业编号： CEMA-N008

法 定 代 表 人： 费　睿

企 业 地 址： 重庆市渝北区金石大道 99 号

一、企业介绍

重庆市天友乳业股份有限公司（以下简称"天友乳业"）始创于 1931 年，是一家具有近 90 年历史的全产业链乳制品企业。

重庆市天友乳业股份有限公司优质乳示范牧场

重庆市天友乳业股份有限公司工厂

二、优质乳工程产品介绍

天友乳业共有 4 家牧场和 3 个巴氏产品通过了优质乳工程的验收，其中鲜活时速产品采取了 75℃ 15s 巴氏杀菌工艺，最大程度地保留了免疫球蛋白、乳铁蛋白和乳过氧化物酶等活性营养物质。

天友乳业优质乳产品名称及编号

序号	企业名称	产品名称	优质乳产品编号
1	重庆市天友乳业股份有限公司	天友鲜活时速鲜牛奶 220mL 屋顶盒	CEMA–N00801PM
2		天友鲜活时速鲜牛奶 950mL 屋顶盒	CEMA–N00802PM
3		天友纯鲜牛奶 950mL 屋顶盒	CEMA–N00803PM

优质乳产品名称　天友鲜活时速鲜牛奶 220mL 屋顶盒

优质乳产品编号　CEMA-N00801PM

验 收 时 间　2017 年 4 月 15 日

抽 检 时 间　2019 年 2 月 22 日

所有指标均符合《优质巴氏杀菌乳》标准

状况：已调整

优质乳产品名称	天友鲜活时速鲜牛奶 950mL
	屋顶盒
优质乳产品编号	CEMA-N00802PM
验 收 时 间	2017 年 4 月 15 日
复 评 审 时 间	2020 年 1 月 5 日
第一次抽检时间	2019 年 2 月 22 日
第二次抽检时间	2020 年 6 月 6 日

所有指标均符合《优质巴氏杀菌乳》标准

优质乳产品名称	天友纯鲜牛奶 950mL
	屋顶盒
优质乳产品编号	CEMA-N00803PM
验 收 时 间	2020 年 1 月 5 日
第一次抽检时间	2019 年 9 月 11 日
第二次抽检时间	2020 年 6 月 6 日

所有指标均符合《优质巴氏杀菌乳》标准

三、优质乳工程启动

2016 年 8 月天友乳业向国家奶业科技创新联盟提交申请表和企业生产情况调查表等材料，申请实施优质乳工程。经过专家的调研与技术指导，天友乳业于 2016 年 10 月全面启动实施优质乳工程。

重庆市天友乳业股份有限公司文件

渝天友文〔2016〕89 号

关于成立优质乳工程
领导小组和工作小组的通知

司属相关机构：

为了加强优质乳工程工作管理，细化工作职责，按照公司工作要求，现成立优质乳工程领导小组和工作小组。具体如下：

一、优质乳工程领导小组

组　长：邱太明

天友乳业关于成立优质乳工程领导小组和工作小组的通知

国家奶业科技创新联盟理事长王加启、秘书长张养东在天友乳业牧场指导

国家奶业科技创新联盟副理事长顾佳升、秘书长张养东在天友乳业牧场指导

四、优质乳工程验收

根据《优质乳工程管理办法》的相关规定，国家奶业科技创新联盟于2017年4月对重庆市天友乳业开展了验证和现场验收，包括产品的奶源（牧场）、加工前奶源的投料罐和每种优质乳产品的验证；所有生产优质乳产品生产线的保留时间和保持温度的验证；优质乳产品储藏、运输和销售终端冷链温度的验证；牧场奶源生产管理情况、加工厂工艺参数控制、产品质量控制情况的现场查看和记录验证等。

2017年4月15日，国家奶业科技创新联盟组织专家对天友乳业进行了会议验收，宣布奶源、工艺和产品符合《优质乳工程管理办法》验收标准，通过优质乳工程验收。天友乳业成为全国首个通过优质乳工程验收的国有企业。

天友乳业股份有限公司优质乳工程验收会（2017年4月15日）

天友乳业股份有限公司通过验收新闻发布会（2017 年 4 月 15 日）

五、优质乳工程复评审验收

根据《优质乳工程管理办法》规定，国家奶业科技创新联盟 2019 年 9 月对天友乳业开展了复评审验收，奶源、生产线、产品及储运环节等要求与验收一致。

2020 年 1 月 5 日，国家奶业科技创新联盟组织专家听取企业汇报，宣布其奶源符合《生乳用途分级技术规范》（T/TDSTIA 001—2019）的规定、工艺符合《优质巴氏杀菌乳加工工艺技术规范》（T/TDSTIA 011—2019）的规定、巴氏杀菌乳产品符合《优质巴氏杀菌乳》（T/TDSTIA 004—2019）的规定，天友乳业巴氏杀菌产品通过优质乳工程复评审。

天友乳业优质乳工程复评审会议（2020 年 1 月 5 日）

六、优质乳工程抽检

根据《优质乳工程管理办法》规定，国家奶业科技创新联盟分别于 2019 年 2 月、2019 年 9 月和 2020 年 6 月对天友乳业开展了抽检工作。

参加抽检的 2 款优质乳工程产品各项指标符合《优质巴氏杀菌乳》（T/TDSTIA 004—2019）的规定：糠氨酸 $\leqslant$ 12mg/100g 蛋白质，乳铁蛋白 $\geqslant$ 25mg/L，β - 乳球蛋白 $\geqslant$ 2 200mg/L。

七、企业开展的优质乳工程活动

（一）天友乳业调研沟通

2019 年 4 月 11 日，国家奶业科技创新联盟副理事长顾佳升老师、秘书长张养东到天友乳业调研，沟通交流优质乳工程实施情况。

（二）天友乳业荣获优质乳工程科技创新奖

2019 年 5 月 5 日，第六届"奶牛营养与牛奶质量"国际研讨会上，天友乳业荣获"优质乳工程科技创新奖"称号。同时，在"千人品鉴优质乳"活动中，鲜活时速鲜牛奶产品荣获"消费者最喜爱金奖"称号。美国伊利诺伊大学 Loor 教授说自己第一次尝到如此新鲜的牛奶，非常棒！

重庆市天友乳业股份有限公司荣获"优质乳工程科技创新奖"

天友乳业鲜活时速鲜牛奶产品荣获"消费者最喜爱金奖"

（三）优质乳工程标杆示范企业和优质乳工程标杆示范牧场

2019 年 8 月 19 日，在国家奶业科技创新联盟理事长工作会议中，天友乳业被评选为优质乳工程标杆示范企业和优质乳工程标杆示范牧场。

国家奶业科技创新联盟理事长工作会议（2019 年 8 月 19 日）

（四）提升检测能力

从 2017 年起天友乳业安排人员积极参加农业农村部奶及奶制品质量安全监督检验测试中心（北京）组织的牛奶中糠氨酸、乳果糖、乳铁蛋白、α-乳白蛋白和 β-乳球蛋白等指标检测技术现场培训，具备优质乳产品核心指标的检测能力。

天友乳业检测人员进行产品检测

（五）宣传优质乳活动情况

从 2017 年起天友乳业针对小朋友及家长开展了多次的优质乳工程科普宣传活动，引导消费者正确认识优质乳，树立科学的消费理念。

消费者走进天友乳业工厂

天友乳业对小朋友开展饮奶知识的普及宣传

企 业 名 称： 中垦华山牧乳业有限公司

优质乳企业编号： CEMA-N010

法 定 代 表 人： 胡　刚

企 业 地 址： 陕西省渭南市经开区中垦大道

一、企业介绍

中垦华山牧乳业有限公司（以下简称"中垦华山牧"）成立于 2015 年 8 月，是中垦乳业股份有限公司全资子公司。"华山牧"品牌定位于高品质鲜牛奶，致力于引领西北乳制品消费市场的提档升级。

中垦华山牧乳业有限公司牧场

中垦华山牧乳业有限公司工厂

二、优质乳工程产品介绍

中垦华山牧自有万头华山牧场和 2 条生产线供应优质乳生产，旗下优质乳产品当前均采用的是 75℃15s 巴氏杀菌工艺，最大程度地保留了包括活性免疫球蛋白、活性乳铁蛋白、活性 α-乳白蛋白、活性钙、生长因子、生物活性肽等数百种活性物质。

中垦乳业优质乳产品名称及编号

序号	企业名称	产品名称	优质乳产品编号
1	中垦华山牧乳业有限公司	华山牧鲜活巴氏奶鲜牛奶 950mL 屋顶盒	CEMA-N01001PM
2		华山牧鲜活巴氏奶鲜牛奶 250mL 屋顶盒	CEMA-N01002PM
3		华山牧鲜活巴氏奶鲜牛奶 250mL PET 瓶	CEMA-N01003PM
4		华山牧鲜活巴氏奶鲜牛奶 200mL 玻璃瓶	CEMA-N01004PM
5		华山牧有机鲜牛奶 250mL PET 瓶	CEMA-N01005PM

优质乳产品名称　　华山牧鲜活巴氏奶鲜牛奶 950mL
　　　　　　　　　　　屋顶盒

优质乳产品编号　　CEMA-N01001PM

验 收 时 间　　2017 年 10 月 14 日

复 评 审 时 间　　2020 年 8 月 27 日

第一次抽检时间　　2018 年 11 月 12 日

第二次抽检时间　　2019 年 12 月 1 日

第三次抽检时间　　2020 年 6 月 8 日

所有指标均符合《优质巴氏杀菌乳》标准

优质乳产品名称　　华山牧鲜活巴氏奶鲜牛奶 250mL
屋顶盒

优质乳产品编号　　CEMA-N01002PM

验 收 时 间　　2017 年 10 月 14 日

抽 检 时 间　　2018 年 11 月 12 日

所有指标均符合《优质巴氏杀菌乳》标准

状况：已调整

优质乳产品名称　　华山牧鲜活巴氏奶鲜牛奶 250mL
PET 瓶

优质乳产品编号　　CEMA-N01003PM

验 收 时 间　　2017 年 10 月 14 日

抽 检 时 间　　2018 年 11 月 12 日

所有指标均符合《优质巴氏杀菌乳》标准

状况：已调整

优质乳产品名称　　华山牧鲜活巴氏奶鲜牛奶 200mL
　　　　　　　　　玻璃瓶

优质乳产品编号　　CEMA-N01004PM

验 收 时 间　　2017 年 10 月 14 日

抽 检 时 间　　2018 年 11 月 12 日

所有指标均符合《优质巴氏杀菌乳》标准

状况：已调整

优质乳产品名称　　华山牧有机鲜牛奶 250mL
　　　　　　　　　PET 瓶

优质乳产品编号　　CEMA-N01005PM

验 收 时 间　　2020 年 8 月 27 日

第一次抽检时间　　2019 年 12 月 1 日

第二次抽检时间　　2020 年 6 月 8 日

所有指标均符合《优质巴氏杀菌乳》标准

三、优质乳工程启动

根据《优质乳工程管理办法》规定，2017 年 2 月中垦华山牧向国家奶业科技创新联盟提交申请表和企业生产情况调查表等材料，申请实施优质乳工程。经过专家的调研与技术指导，中垦华山牧于 2017 年 3 月全面启动实施优质乳工程。

中垦华山牧乳业有限公司

中垦陕司文〔2017〕17 号

关于成立中垦乳业"华山牧"优质乳工程
项目实施小组的通知

中垦华山牧项目组：

　　为提升本企业产品品质、展示企业形象、提升企业市场竞争力，在国家奶业科技创新联盟领导及专家的支持和指导下，公司决定申请实施"优质乳工程"。为了使"优质乳工程"能够有效快速实施，公司特成立中垦乳业"华山牧"优质乳工程项目实施小组：

　　组长：

　　杨　伟

　　副组长：

　　黄　锐

　　小组成员：

　　杨从辉（牧场）、周　颖（品控部）、高晓峰（研发中心）、

1

中垦华山牧关于成立优质乳工程小组的通知

国家奶业科技创新联盟理事长王加启在中垦华山牧工厂指导

四、优质乳工程验收

根据《优质乳工程管理办法》规定，国家奶业科技创新联盟于2017年10月对中垦华山牧开展了验证和现场验收，包括产品的奶源（牧场）、加工前奶源的投料罐和每种优质乳产品的验证；所有生产优质乳产品生产线的保留时间和保持温度的验证；优质乳产品储藏、运输和销售终端冷链温度的验证；牧场奶源生产管理情况、加工厂工艺参数控制、产品质量控制情况的现场查看和记录验证等。

2017年10月14日，国家奶业科技创新联盟组织专家听取企业汇报，宣布奶源、工艺、产品等符合《优质乳管理办法》要求，中垦华山牧通过优质乳工程的验收。

中垦华山牧乳业有限公司优质乳工程验收会（2017年10月14日）

中垦华山牧乳业有限公司通过验收新闻发布会（2017年10月26日）

中垦华山牧优质乳生产线1

中垦华山牧优质乳生产线 2

五、优质乳工程复评审验收

根据《优质乳工程管理办法》的相关规定，国家奶业科技创新联盟2020 年对中垦华山牧开展了复评审验收，奶源、生产线、产品及储运环节等要求与验收一致。

2020 年 8 月 27 日，国家奶业科技创新联盟组织专家线上听取了企业汇报，查阅复评审检测结果，宣布其奶源符合《生乳用途分级技术规范》（T/TDSTIA 001—2019）的规定、工艺符合《优质巴氏杀菌乳加工工艺技术规范》（T/TDSTIA 011—2019）的规定、巴氏杀菌乳产品符合《优质巴氏杀菌乳》（T/TDSTIA 004—2019）的规定：糠氨酸 ≤ 12mg/100g 蛋白质，乳铁蛋白 ≥ 25mg/L，β－乳球蛋白 ≥ 2 200mg/L，中垦华山牧巴氏杀菌产品通过优质乳工程复评审验收。

六、优质乳工程抽检

根据《优质乳工程管理办法》的相关规定，国家奶业科技创新联盟于 2018 年 11 月和 2020 年 6 月对中垦华山牧开展了抽检工作。

参加抽检的 2 款优质乳工程产品各项指标符合《优质巴氏杀菌乳》（T/TDSTIA 004—2019）的规定：糠氨酸 ≤ 12mg/100g 蛋白质，乳铁蛋白 ≥ 25mg/L，β－乳球蛋白 ≥ 2 200mg/L。

七、企业开展的优质乳工程活动

（1）中垦华山牧乳业荣获优质乳工程科技创新奖

2019 年 5 月 5 日，第六届"奶牛营养与牛奶质量"国际研讨会上，中垦乳业股份有限公司在 2017—2018 年度优质乳工程系列公益品评活动中荣获"优质乳工程科技创新奖"和"优质乳工程绿色发展奖"。此外，在"千人品鉴优质乳"活动中，华山牧鲜活鲜牛奶产品荣获"男士最喜爱金奖"称号。爱尔兰都柏林大学 Wall 教授认为华山牧鲜活鲜牛奶产品是一款高质量的牛奶，并表达了对华山牧鲜活鲜牛奶产品的喜爱。

中垦乳业股份有限公司荣获"优质乳工程科技创新奖"

中垦乳业股份有限公司荣获"优质乳工程绿色发展奖"

华山牧鲜活鲜牛奶产品荣获"男士最喜爱金奖"

（二）优质乳工程示范工厂

中垦华山牧被评为优质乳工程示范工厂。

中垦华山牧乳业有限公司被评为优质乳工程示范工厂

（三）宣传优质乳活动情况

从 2017 年起中垦华山牧乳业有限公司针对小朋友及家长开展了"华小牧鲜活营养小课堂"的科普宣传活动，引导消费者正确认识优质乳，树立正确的消费理念。

华小牧鲜活营养小课堂科普宣传活动现场

企 业 名 称：光明乳业股份有限公司

优质乳企业编号：CEMA-N011（上海四厂）

CEMA-N012（华东中心）

CEMA-N018（永安工厂）

CEMA-N019（杭江工厂）

CEMA-N020（南京光明）

CEMA-N021（武汉光明）

CEMA-N022（广州光明）

CEMA-N023（北京光明）

CEMA-N025（成都光明）

法 定 代 表 人：濮韶华

企 业 地 址：上海市吴中路 578 号

光明乳业股份有限公司业务渊源始于 1911 年，已有 100 多年的历史，是中国领先的高端乳品引领者。在公司"让更多人感受美味和健康的快乐"的企业愿景下，创造出众多家喻户晓的知名品牌和优秀产品。

"创新"一直是光明乳业发展前行的基因，光明乳业研究院作为公司研发基地，目前拥有 4 大国家级科研平台。2018 年，依托光明乳业研究院建立的国家重点实验室被国家科技部评估为"优秀类国家重点实验室"，是我国食品行业首家国家重点实验室。

光明乳业现有规模牧场 22 个，成乳牛年平均单产近 11 吨，远超行业平均水平。拥有 21 家乳品加工厂，其中华东中心工厂是世界上最大的液态奶单体乳品加工工厂。管理上，光明乳业是国内首家导入 WCM 系统并首家获得 TPM 世界级奖项的企业。光明乳业旗下全资子公司领鲜物流是行业首家五星冷链标准认证企业。旗下特色渠道光明随心订是全国最大的送奶上门平台，也是行业唯一通过"上海品质"认证食品企业。

光明乳业股份有限公司总部

一、优质乳工程启动

2017 年 4 月 28 日，光明乳业优质乳工程召开预备会成立优质乳工程领导小组及实施小组。经过专家对光明乳业的调研与技术指导，光明乳业于 2017 年 5 月 19 日正式宣布启动优质乳工程，并对各单位下达《优质乳工程任务书》。

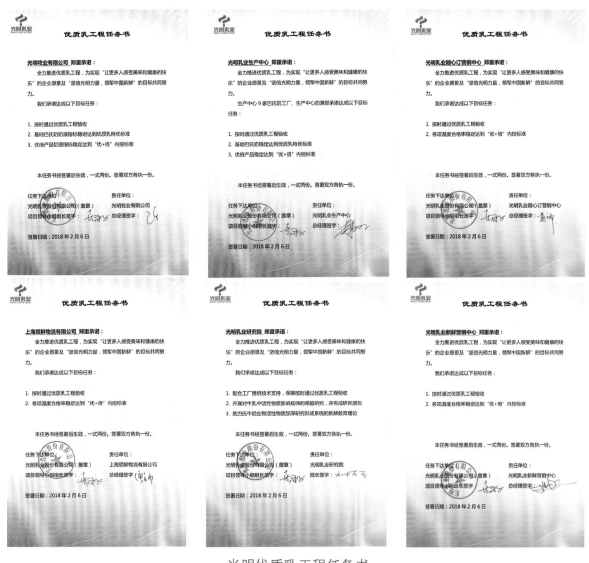

光明优质乳工程任务书

光明乳业优质乳工程启动仪式（2017 年 5 月 19 日）

国家奶业科技创新联盟理事长王加启、副理事长顾佳升在华东中心工厂指导

国家奶业科技创新联盟副理事长顾佳升在武汉光明指导

二、光明乳业股份有限公司华东中心工厂

（一）工厂介绍

光明乳业股份有限公司华东中心工厂，于 2013 年 8 月正式建成投产，占地 232 亩，总建筑面积达 12.6 万平方米。工厂主要生产液体乳产品，是世界上最大的液体乳单体加工工厂。工厂日产能达到 2 200 吨，年产优质乳制品能力超过 60 万吨，年产值约 27 亿元。

华东中心工厂

华东中心工厂中控室

华东中心工厂生奶仓

华东中心工厂自动化控制阀阵

（二）优质乳工程产品介绍

光明乳业通过优质乳工程的实施，对杀菌工艺精度的控制进行了大幅强化，最佳温度波动控制到 ±0.14℃，在确保安全的基础上，实现了光明乳业全品类巴氏奶产品 75℃工艺革新，大幅度降低了巴氏奶产品中糠氨酸含量，保留了更多的营养活性物质。全品类巴氏奶符合优质乳工程最高指标"特优级"指标要求。其中优倍系列产品指标更高于制定"特优级"要求的光明内控指标，该标准中的各项指标均优于欧盟等国际标准规定，具有前瞻性与领先性。

光明华东中心工厂优质乳产品名称及编号

序号	企业名称	产品名称	优质乳产品编号
1		光明优倍高品质鲜牛奶 200mL 屋顶盒	CEMA-N01201PM
2		光明优倍高品质鲜牛奶 500mL 屋顶盒	CEMA-N01202PM
3		光明优倍高品质鲜牛奶 950mL 屋顶盒	CEMA-N01203PM
4		光明优倍高品质鲜牛奶 1.35L 屋顶盒	CEMA-N01204PM
5		光明优倍高品质鲜牛奶 200mL 纸杯	CEMA-N01205PM
6	光明乳业股份	光明优倍高品质鲜牛奶 260mL 纸杯	CEMA-N01206PM
7	有限公司	光明优倍 0 脂肪鲜牛奶 200mL 纸杯	CEMA-N01207PM
8	华东中心工厂	光明优倍 0 脂肪鲜牛奶 950mL 屋顶盒	CEMA-N01208PM
9		光明 0 脂肪鲜牛奶 950mL 屋顶盒	CEMA-N01209PM
10		光明乐在新鲜鲜牛奶 200mL 屋顶盒	CEMA-N01210PM
11		光明乐在新鲜鲜牛奶 500mL 屋顶盒	CEMA-N01211PM
12		光明乐在新鲜鲜牛奶 980mL 屋顶盒	CEMA-N01212PM
13		光明乐在新鲜鲜牛奶 1.5L 桶	CEMA-N01213PM

优质乳产品名称 　　光明优倍高品质鲜牛奶 200mL 屋顶盒

优质乳产品编号 　　CEMA-N01201PM

验 收 时 间 　　2017 年 12 月 16 日

抽 检 时 间 　　2018 年 11 月 14 日

所有指标均符合《优质巴氏杀菌乳》标准

优质乳产品名称 　　光明优倍高品质鲜牛奶 500mL 屋顶盒

优质乳产品编号 　　CEMA-N01202PM

验 收 时 间 　　2017 年 12 月 16 日

抽 检 时 间 　　2018 年 11 月 14 日

所有指标均符合《优质巴氏杀菌乳》标准

优质乳产品名称 　　光明优倍高品质鲜牛奶 950mL 屋顶盒

优质乳产品编号 　　CEMA-N01203PM

验 收 时 间 　　2017 年 12 月 16 日

抽 检 时 间 　　2018 年 11 月 14 日

所有指标均符合《优质巴氏杀菌乳》标准

优质乳产品名称　　光明优倍高品质鲜牛奶 1.35L
　　　　　　　　　屋顶盒

优质乳产品编号　　CEMA-N01204PM

验 收 时 间　　2017 年 12 月 16 日

抽 检 时 间　　2018 年 11 月 14 日

所有指标均符合《优质巴氏杀菌乳》标准

优质乳产品名称　　光明优倍高品质鲜牛奶 200mL
　　　　　　　　　纸杯

优质乳产品编号　　CEMA-N01205PM

验 收 时 间　　2017 年 12 月 16 日

抽 检 时 间　　2019 年 4 月 25 日

所有指标均符合《优质巴氏杀菌乳》标准

优质乳产品名称　　光明优倍高品质鲜牛奶 260mL
　　　　　　　　　纸杯

优质乳产品编号　　CEMA-N01206PM

验 收 时 间　　2017 年 12 月 16 日

抽 检 时 间　　2019 年 4 月 25 日

所有指标均符合《优质巴氏杀菌乳》标准

优质乳产品名称	光明优倍 0 脂肪鲜牛奶 200mL 纸杯
优质乳产品编号	CEMA-N01207PM
验 收 时 间	2017 年 12 月 16 日
抽 检 时 间	2019 年 4 月 25 日

所有指标均符合《优质巴氏杀菌乳》标准

优质乳产品名称	光明优倍 0 脂肪鲜牛奶 950mL 屋顶盒
优质乳产品编号	CEMA-N01208PM
验 收 时 间	2017 年 12 月 16 日
抽 检 时 间	2018 年 11 月 14 日

所有指标均符合《优质巴氏杀菌乳》标准

优质乳产品名称	光明 0 脂肪鲜牛奶 950mL 屋顶盒
优质乳产品编号	CEMA-N01209PM
验 收 时 间	2017 年 12 月 16 日
抽 检 时 间	2018 年 11 月 14 日

所有指标均符合《优质巴氏杀菌乳》标准

优质乳产品名称　　光明乐在新鲜鲜牛奶 200mL
　　　　　　　　　屋顶盒

优质乳产品编号　　CEMA-N01210PM

验 收 时 间　　2017 年 12 月 16 日

抽 检 时 间　　2018 年 11 月 14 日

所有指标均符合《优质巴氏杀菌乳》标准

优质乳产品名称　　光明乐在新鲜鲜牛奶 500mL
　　　　　　　　　屋顶盒

优质乳产品编号　　CEMA-N01211PM

验 收 时 间　　2017 年 12 月 16 日

抽 检 时 间　　2018 年 11 月 14 日

所有指标均符合《优质巴氏杀菌乳》标准

优质乳产品名称　　光明乐在新鲜鲜牛奶 980mL
　　　　　　　　　屋顶盒

优质乳产品编号　　CEMA-N01212PM

验 收 时 间　　2017 年 12 月 16 日

抽 检 时 间　　2018 年 11 月 14 日

所有指标均符合《优质巴氏杀菌乳》标准

优质乳产品名称　　光明乐在新鲜鲜牛奶 1.5L 桶

优质乳产品编号　　CEMA-N01213PM

验 收 时 间　　2017 年 12 月 16 日

抽 检 时 间　　2018 年 11 月 14 日

所有指标均符合《优质巴氏杀菌乳》标准

（三）优质乳工程验收

根据《优质乳工程管理办法》的相关规定，国家奶业科技创新联盟于 2017 年 11 月开始对光明华东中心工厂及优质乳相关牧场开展了验证和现场验收，包括产品的奶源（牧场）、加工前奶源的投料罐和每种优质乳产品的验证；所有生产优质乳产品生产线的保留时间和保持温度的验证；优质乳产品储藏、运输和销售终端冷链温度的验证；牧场奶源生产管理情况、加工厂工艺参数控制、产品质量控制情况的现场查看和记录验证等。

2017 年 12 月 16 日，国家奶业科技创新联盟组织专家对光明华东中心工厂进行了会议验收，宣布其奶源、工艺和产品符合《优质乳工程管理办法》的规定，光明华东中心工厂通过优质乳工程的验收。

（四）优质乳工程抽检

根据《优质乳工程管理办法》规定，国家奶业科技创新联盟于 2018 年 11 月和 2019 年 4 月对光明乳业股份有限公司华东中心工厂开展了抽检工作。参加抽检的 13 款优质乳工程产品各项指标符合《优质巴氏杀菌乳》（T/TDSTIA 004—2019）的规定：糠氨酸 ≤ 12mg/100g 蛋白质，乳铁蛋白 ≥ 25mg/L，β – 乳球蛋白 ≥ 2 200mg/L。

三、上海乳品四厂有限公司

（一）工厂介绍

上海乳品四厂有限公司位于上海市奉贤区海湾镇海兴路 1750 号，成立于 1980 年，乳品四厂是光明乳业旗下专业生产瓶袋奶的加工工厂，总占地面积 46 700 平方米，目前拥有 14 条灌装线，最大生产能力 400 吨 / 天，主要生产 1.5L 桶装鲜牛奶、优倍鲜奶、纯鲜牛奶等约 40 余个品类。每天为上海及周边区域消费者提供 90 万余份送奶上门乳制品。

上海乳品四厂有限公司

上海乳品四厂有限公司厂区

上海乳品四厂有限公司收奶广场

（二）优质乳工程产品介绍

光明上海乳品四厂通过实施优质乳工程，对杀菌工艺精度的控制进行了大幅强化，最大程度保留牛奶中的活性营养物质。

光明上海乳品四厂优质乳产品名称及编号

序号	企业名称	产品名称	优质乳产品编号
1		光明乐在新鲜鲜牛奶 200mL 纸杯	CEMA-N01101PM
2		光明乐在新鲜鲜牛奶 1.5L 桶	CEMA-N01102PM
3		光明鲜牛奶 220mL 玻璃瓶	CEMA-N01103PM
4	上海乳品四厂有限公司	光明紫光鲜牛奶 195mL 玻璃瓶	CEMA-N01104PM
5		光明紫光鲜牛奶 220mL 玻璃瓶	CEMA-N01105PM
6		光明 1 号香浓鲜牛奶 220mL 玻璃瓶	CEMA-N01106PM
7		光明 0 脂肪鲜牛奶 200mL 纸杯	CEMA-N01107PM
8		光明优倍高品质鲜牛奶 200mL 纸杯	CEMA-N01108PM

优质乳产品名称　光明乐在新鲜鲜牛奶 200mL 纸杯

优质乳产品编号　CEMA-N01101PM

验收时间　2017 年 12 月 16 日

抽检时间　2019 年 4 月 25 日

所有指标均符合《优质巴氏杀菌乳》标准

优质乳产品名称　　　光明乐在新鲜鲜牛奶 1.5L 桶

优质乳产品编号　　　CEMA-N01102PM

验 收 时 间　　　2017 年 12 月 16 日

抽 检 时 间　　　2019 年 4 月 25 日

所有指标均符合《优质巴氏杀菌乳》标准

优质乳产品名称　　　光明鲜牛奶 220mL

　　　　　　　　　　玻璃瓶

优质乳产品编号　　　CEMA-N01103PM

验 收 时 间　　　2017 年 12 月 16 日

抽 检 时 间　　　2019 年 4 月 25 日

所有指标均符合《优质巴氏杀菌乳》标准

优质乳产品名称　　　光明紫光鲜牛奶 195mL

　　　　　　　　　　玻璃瓶

优质乳产品编号　　　CEMA-N01104PM

验 收 时 间　　　2017 年 12 月 16 日

抽 检 时 间　　　2019 年 4 月 25 日

所有指标均符合《优质巴氏杀菌乳》标准

优质乳产品名称	光明紫光鲜牛奶 220mL
	玻璃瓶
优质乳产品编号	CEMA-N01105PM
验 收 时 间	2017 年 12 月 16 日
抽 检 时 间	2019 年 4 月 25 日

所有指标均符合《优质巴氏杀菌乳》标准

优质乳产品名称	光明 1 号香浓鲜牛奶 220mL
	玻璃瓶
优质乳产品编号	CEMA-N01106PM
验 收 时 间	2017 年 12 月 16 日
抽 检 时 间	2019 年 4 月 25 日

所有指标均符合《优质巴氏杀菌乳》标准

优质乳产品名称	光明 0 脂肪鲜牛奶 200mL
	纸杯
优质乳产品编号	CEMA-N01107PM
验 收 时 间	2017 年 12 月 16 日
抽 检 时 间	2019 年 5 月 29 日

所有指标均符合《优质巴氏杀菌乳》标准

优质乳产品名称	光明优倍高品质鲜牛奶 200mL 纸杯
优质乳产品编号	CEMA-N01108PM
验 收 时 间	2017 年 12 月 16 日
抽 检 时 间	2019 年 5 月 29 日

所有指标均符合《优质巴氏杀菌乳》标准

（三）优质乳工程验收

根据《优质乳工程管理办法》的相关规定，国家奶业科技创新联盟于2017年11月开始对光明上海四厂及优质乳相关牧场开展了验证和现场验收，包括产品的奶源（牧场）、加工前奶源的投料罐和每种优质乳产品的验证；所有生产优质乳产品生产线的保留时间和保持温度的验证；优质乳产品储藏、运输和销售终端冷链温度的验证；牧场奶源生产管理情况、加工工厂工艺参数控制、产品质量控制情况的现场查看和记录验证等。

2017年12月16日，国家奶业科技创新联盟组织专家对光明上海乳品四厂进行了会议验收，宣布其奶源、工艺和产品符合《优质乳工程管理办法》的规定，光明上海乳品四厂通过优质乳工程的验收。

（四）优质乳工程抽检

根据《优质乳工程管理办法》规定，国家奶业科技创新联盟于2019年4月和5月对上海乳品四厂开展了抽检工作。参加抽检的8款优质乳工程产品各项指标符合《优质巴氏杀菌乳》（T/TDSTIA 004—2019）的规定：糠氨酸 ≤ 12mg/100g 蛋白质，乳铁蛋白 ≥ 25mg/L，β-乳球蛋白 ≥ 2 200mg/L。

四、上海永安乳品有限公司

（一）工厂介绍

上海永安乳品有限公司是光明乳业股份有限公司旗下的乳品加工企业，地处上海市奉贤区，靠近东海杭州湾，占地面积 42.5 亩；拥有世界一流的乳品加工设备以及先进的乳品加工工艺。工厂规模为日产 200 吨乳制品和饮料及奶酪制品。

上海永安乳品有限公司

上海永安乳品有限公司厂区

（二）优质乳工程产品介绍

光明永安工厂通过实施优质乳工程，对杀菌工艺精度的控制进行了大幅强化，最大程度保留牛奶中的活性营养物质。

光明永安工厂优质乳产品名称及编号

序号	企业名称	产品名称	优质乳产品编号
1	上海永安乳品有限公司	光明鲜牛奶 200mL 袋	CEMA-N01801PM
2		光明新鲜包高品鲜牛奶 200mL 袋	CEMA-N01802PM
3		光明紫光消毒牛奶鲜牛奶 194mL 袋	CEMA-N01803PM

优质乳产品名称 光明鲜牛奶 200mL 袋

优质乳产品编号 CEMA-N01801PM

验 收 时 间 2018 年 6 月 20 日

第一次抽检时间 2019 年 11 月 4 日

第二次抽检时间 2020 年 4 月 5 日

所有指标均符合《优质巴氏杀菌乳》标准

优质乳产品名称　　光明新鲜包高品鲜牛奶
　　　　　　　　　200mL 袋

优质乳产品编号　　CEMA-N01802PM

验 收 时 间　　　2018 年 6 月 20 日

第一次抽检时间　　2019 年 11 月 4 日

第二次抽检时间　　2020 年 4 月 5 日

所有指标均符合《优质巴氏杀菌乳》标准

优质乳产品名称　　光明紫光消毒牛奶鲜牛奶
　　　　　　　　　194mL 袋

优质乳产品编号　　CEMA-N01803PM

验 收 时 间　　　2018 年 6 月 20 日

第一次抽检时间　　2019 年 11 月 4 日

第二次抽检时间　　2020 年 4 月 5 日

所有指标均符合《优质巴氏杀菌乳》标准

（三）优质乳工程验收

根据《优质乳工程管理办法》的相关规定，国家奶业科技创新联盟于 2018 年 6 月对光明永安工厂及优质乳相关牧场开展了验证和现场验收，包括产品的奶源（牧场）、加工前奶源的投料罐和每种优质乳产品的验证；所有生产优质乳产品生产线的保留时间和保持温度的验证；优质乳产品储藏、运输和销售终端冷链温度的验证；牧场奶源生产管理情况、加工工厂工艺参数控制、产品质量控制情况的现场查看和记录验证等。

2018 年 6 月 20 日，国家奶业科技创新联盟组织专家对光明永安工厂进行了会议验收，宣布其奶源、工艺和产品符合《优质生乳》（MRT/B 01—2018）和《优质巴氏杀菌乳》（MRT/B 02—2018）的规定，光明永安工厂通过优质乳工程的验收决议。

（四）优质乳工程抽检

根据《优质乳工程管理办法》规定，国家奶业科技创新联盟分别于 2019 年 11 月和 2020 年 4 月对永安工厂开展了抽检工作。参加抽检的 3 款优质乳工程产品各项指标符合《优质巴氏杀菌乳》（T/TDSTIA 004—2019）的规定：糠氨酸 ≤ 12mg/100g 蛋白质，乳铁蛋白 ≥ 25mg/L，β - 乳球蛋白 ≥ 2 200mg/L。

五、浙江省杭江牛奶公司乳品厂

（一）工厂介绍

浙江省杭江牛奶公司乳品厂隶属于浙江星野集团有限责任公司，是一家专业从事乳制品生产与加工的国有企业，地处钱塘江北岸的杭州经济技术开发区，占地面积约 87.77 亩。从 1981 年创立至今，杭江工厂一直从事乳制品的专业生产，拥有杭州市优质奶源基地，奶牛存栏数 8 000 余头，日最大供奶量在 100 吨以上，拥有 11 条液态奶生产线，生产巴氏杀菌乳、灭菌乳、酸牛乳、含乳饮料四大系列产品，年生产能力达 3 万吨。

浙江省杭江牛奶公司乳品厂

浙江省杭江牛奶公司乳品厂厂区

检测中心

液态奶生产车间

（二）优质乳工程产品介绍

杭江工厂通过实施优质乳工程，对杀菌工艺精度的控制进行了大幅强化，最大程度保留牛奶中的活性营养物质。

杭江工厂优质乳产品名称及编号

序号	企业名称	产品名称	优质乳产品编号
1		光明乐在新鲜鲜牛奶 980mL 屋顶盒	CEMA-N01901PM
2		光明乐在新鲜鲜牛奶 500mL 屋顶盒	CEMA-N01902PM
3		光明乐在新鲜鲜牛奶 200mL 屋顶盒	CEMA-N01903PM
4	浙江省杭江牛奶公司乳品厂	光明乐在新鲜鲜牛奶 200mL 纸杯	CEMA-N01904PM
5		光明轻巧包鲜牛奶 180mL 爱克林袋	CEMA-N01905PM
6		光明优倍高品质鲜牛奶 950mL 屋顶盒	CEMA-N01906PM
7		光明优倍高品质鲜牛奶 500mL 屋顶盒	CEMA-N01907PM
8		光明优倍高品质鲜牛奶 200mL 屋顶盒	CEMA-N01908PM
9		光明优倍高品质鲜牛奶 200mL 纸杯	CEMA-N01909PM

优质乳产品名称	光明乐在新鲜鲜牛奶 980mL 屋顶盒
优质乳产品编号	CEMA-N01901PM
验 收 时 间	2018 年 6 月 21 日
第一次抽检时间	2019 年 11 月 4 日
第二次抽检时间	2020 年 7 月 2 日

所有指标均符合《优质巴氏杀菌乳》标准

优质乳产品名称　　光明乐在新鲜鲜牛奶 500mL
　　　　　　　　　屋顶盒

优质乳产品编号　　CEMA-N01902PM

验 收 时 间　　2018 年 6 月 21 日

第一次抽检时间　　2019 年 11 月 4 日

第二次抽检时间　　2020 年 7 月 2 日

所有指标均符合《优质巴氏杀菌乳》标准

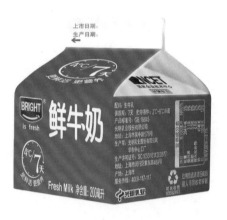

优质乳产品名称　　光明乐在新鲜鲜牛奶 200mL
　　　　　　　　　屋顶盒

优质乳产品编号　　CEMA-N01903PM

验 收 时 间　　2018 年 6 月 21 日

第一次抽检时间　　2019 年 11 月 4 日

第二次抽检时间　　2020 年 7 月 2 日

所有指标均符合《优质巴氏杀菌乳》标准

优质乳产品名称　　光明乐在新鲜鲜牛奶 200mL
　　　　　　　　　纸杯

优质乳产品编号　　CEMA-N01904PM

验 收 时 间　　2018 年 6 月 21 日

第一次抽检时间　　2019 年 11 月 4 日

所有指标均符合《优质巴氏杀菌乳》标准

优质乳产品名称	光明轻巧包鲜牛奶 180mL 爱克林袋
优质乳产品编号	CEMA-N01905PM
验 收 时 间	2018 年 6 月 21 日
第一次抽检时间	2019 年 11 月 4 日
第二次抽检时间	2020 年 6 月 15 日

所有指标均符合《优质巴氏杀菌乳》标准

优质乳产品名称	光明优倍高品质鲜牛奶 950mL 屋顶盒
优质乳产品编号	CEMA-N01906PM
验 收 时 间	2018 年 6 月 21 日
第一次抽检时间	2019 年 11 月 4 日
第二次抽检时间	2020 年 6 月 15 日

所有指标均符合《优质巴氏杀菌乳》标准

优质乳产品名称	光明优倍高品质鲜牛奶 500mL 屋顶盒
优质乳产品编号	CEMA-N01907PM
验 收 时 间	2018 年 6 月 21 日
第一次抽检时间	2019 年 11 月 4 日
第二次抽检时间	2020 年 6 月 15 日

所有指标均符合《优质巴氏杀菌乳》标准

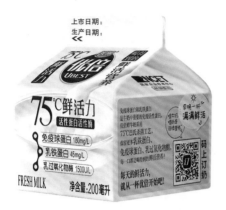

优质乳产品名称	光明优倍高品质鲜牛奶 200mL 屋顶盒
优质乳产品编号	CEMA-N01908PM
验 收 时 间	2018 年 6 月 21 日
第一次抽检时间	2019 年 11 月 4 日
第二次抽检时间	2020 年 6 月 15 日

所有指标均符合《优质巴氏杀菌乳》标准

优质乳产品名称	光明优倍高品质鲜牛奶 200mL 纸杯
优质乳产品编号	CEMA-N01909PM
验 收 时 间	2018 年 6 月 21 日
第一次抽检时间	2019 年 11 月 4 日
第二次抽检时间	2020 年 6 月 15 日

所有指标均符合《优质巴氏杀菌乳》标准

（三）优质乳工程验收

根据《优质乳工程管理办法》的相关规定，国家奶业科技创新联盟于 2018 年 6 月对光明杭江工厂及优质乳相关牧场开展了验证和现场验收，包括产品的奶源（牧场）、加工前奶源的投料罐和每种优质乳产品的验证；所有生产优质乳产品生产线的保留时间和保持温度的验证；优质乳产品储藏、运输和销售终端冷链温度的验证；牧场奶源生产管理情况、加工工厂工艺参数控制、产品质量控制情况的现场查看和记录验证等。

2018 年 6 月 21 日，国家奶业科技创新联盟组织专家对光明杭江工厂进行了会议验收，宣布其奶源、工艺和产品符合《优质生乳》（MRT/B 01—2018）和《优质巴氏杀菌乳》（MRT/B 02—2018）的规定，光明杭江工厂通过优质乳工程的验收。

（四）优质乳工程抽检

根据《优质乳工程管理办法》规定，国家奶业科技创新联盟于 2019 年 11 月和 2020 年 6 月、7 月对杭江工厂开展了抽检工作。参加抽检的 9 款优质乳工程产品各项指标符合《优质巴氏杀菌乳》（T/TDSTIA 004—2019）的规定：糠氨酸 ≤ 12 mg/100 g 蛋白质，乳铁蛋白 ≥ 25 mg/L，β-乳球蛋白 ≥ 2 200 mg/L。

六、南京光明乳品有限公司

（一）工厂介绍

南京光明乳品有限公司是由光明乳业股份有限公司与南京禄口机场经济圈发展有限公司共同斥资 1 500 万元，共同组建的有限责任公司，由光明乳业控股经营。截至 2020 年 10 月，南京光明拥有国内先进的生产设备和工艺技术，合计有 10 条生产线，主要生产巴氏杀菌乳、调制乳、发酵乳、高温灭菌乳、含乳饮料，日生产能力可以达到 250 吨。

南京光明乳品有限公司

南京光明乳品有限公司生产车间

（二）优质乳工程产品介绍

南京光明通过实施优质乳工程，对杀菌工艺精度的控制进行了大幅强化，最大程度保留牛奶中的活性营养物质。

南京光明优质乳产品名称及编号

序号	企业名称	产品名称	优质乳产品编号
1	南京光明乳品有限公司	光明紫光鲜牛奶 195mL 玻璃瓶	CEMA-N02001PM
2		光明鲜牛奶 195mL 玻璃瓶	CEMA-N02002PM
3		光明乐在新鲜鲜牛奶 200mL 纸杯	CEMA-N02003PM

优质乳产品名称　　光明紫光鲜牛奶 195mL

　　　　　　　　　　　玻璃瓶

优质乳产品编号　　CEMA-N02001PM

验 收 时 间　　2018 年 6 月 22 日

第一次抽检时间　　2019 年 10 月 24 日

第二次抽检时间　　2020 年 3 月 25 日

所有指标均符合《优质巴氏杀菌乳》标准

优质乳产品名称	光明鲜牛奶 195mL 玻璃瓶
优质乳产品编号	CEMA-N02002PM
验 收 时 间	2018 年 6 月 22 日
第一次抽检时间	2019 年 10 月 24 日
第二次抽检时间	2020 年 3 月 25 日

所有指标均符合《优质巴氏杀菌乳》标准

优质乳产品名称	光明乐在新鲜鲜牛奶 200mL 纸杯
优质乳产品编号	CEMA-N02003PM
验 收 时 间	2018 年 6 月 22 日
第一次抽检时间	2019 年 10 月 24 日
第二次抽检时间	2020 年 3 月 25 日

所有指标均符合《优质巴氏杀菌乳》标准

（三）优质乳工程验收

根据《优质乳工程管理办法》的相关规定，国家奶业科技创新联盟于 2018 年 6 月对南京光明及优质乳相关牧场开展了验证和现场验收，包括产品的奶源（牧场）、加工前奶源的投料罐和每种优质乳产品的验证；所有生产优质乳产品生产线的保留时间和保持温度的验证；优质乳产品储藏、运输和销售终端冷链温度的验证；定点牧场奶源生产管理情况、加工工厂工艺参数控制、产品质量控制情况的现场查看和记录验证等。

2018 年 6 月 22 日，国家奶业科技创新联盟组织专家对南京光明进行了会议验收，宣布其奶源、工艺和产品符合《优质生乳》（MRT/B 01—2018）和《优质巴氏杀菌乳》（MRT/B 02—2018）的规定，南京光明通过优质乳工程的验收。

（四）优质乳工程抽检

根据《优质乳工程管理办法》规定，国家奶业科技创新联盟于 2019 年 10 月和 2020 年 3 月对南京光明乳品有限公司开展了抽检工作。参加抽检的 3 款优质乳工程产品各项指标符合《优质巴氏杀菌乳》（T/TDSTIA 004—2019）的规定：糠氨酸 ≤ 12mg/100g 蛋白质，乳铁蛋白 ≥ 25mg/L，β-乳球蛋白 ≥ 2 200mg/L。

七、武汉光明乳品有限公司

（一）工厂介绍

武汉光明乳品有限公司成立于 1999 年 3 月，秉承"好牛好奶、滴滴精彩、天天新鲜、人人信赖"的质量方针，通过 ISO 9001、HACCP、GMP、诚信管理体系、FSSC 22000 等体系认证。2017 年武汉光明通过了 TPM 优秀奖的审核。同时也是湖北省及武汉市农业产业化重点龙头企业、模范和谐企业。工厂产品质量稳定、营养健康，销售辐射湖北、湖南、河南、江西周边多个省市。

武汉光明乳品有限公司

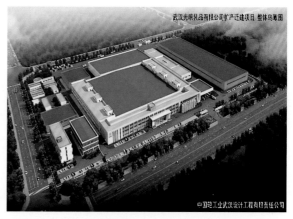

武汉光明乳品有限公司厂区

武汉光明乳品有限公司灌装车间

（二）优质乳工程产品介绍

武汉光明通过实施优质乳工程，对杀菌工艺精度的控制进行了大幅强化，最大程度保留牛奶中的活性营养物质。

武汉光明优质乳产品名称及编号

序号	企业名称	产品名称	优质乳产品编号
1		光明乐在新鲜高品鲜牛奶 180mL 爱克林袋	CEMA-N02101PM
2		光明乐在新鲜鲜牛奶 950mL 屋顶盒	CEMA-N02102PM
3		光明乐在新鲜鲜牛奶 460mL 屋顶盒	CEMA-N02103PM
4		光明乐在新鲜鲜牛奶 180mL 屋顶盒	CEMA-N02104PM
5	武汉光明乳品 有限公司	光明优倍高品质鲜牛奶 1.2L 桶	CEMA-N02105PM
6		光明优倍高品质鲜牛奶 180mL 纸杯	CEMA-N02106PM
7		光明优倍高品质鲜牛奶 950mL 屋顶盒	CEMA-N02107PM
8		光明优倍高品质鲜牛奶 460mL 屋顶盒	CEMA-N02108PM
9		光明优倍高品质鲜牛奶 180mL 屋顶盒	CEMA-N02109PM

优质乳产品名称　　光明乐在新鲜高品鲜牛奶 180mL 爱克林袋

优质乳产品编号　　CEMA-N02101PM

验 收 时 间　　2018 年 6 月 23 日

抽 检 时 间　　2019 年 10 月 24 日

所有指标均符合《优质巴氏杀菌乳》标准

优质乳产品名称	光明乐在新鲜鲜牛奶 950mL 屋顶盒
优质乳产品编号	CEMA-N02102PM
验 收 时 间	2018 年 6 月 23 日
抽 检 时 间	2019 年 10 月 24 日

所有指标均符合《优质巴氏杀菌乳》标准

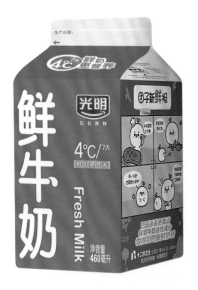

优质乳产品名称	光明乐在新鲜鲜牛奶 460mL 屋顶盒
优质乳产品编号	CEMA-N02103PM
验 收 时 间	2018 年 6 月 23 日
抽 检 时 间	2019 年 10 月 24 日

所有指标均符合《优质巴氏杀菌乳》标准

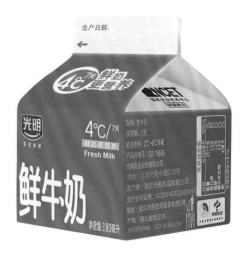

优质乳产品名称	光明乐在新鲜鲜牛奶 180mL 屋顶盒
优质乳产品编号	CEMA-N02104PM
验 收 时 间	2018 年 6 月 23 日
抽 检 时 间	2019 年 10 月 24 日

所有指标均符合《优质巴氏杀菌乳》标准

优质乳产品名称　　光明优倍高品质鲜牛奶 1.2L 桶

优质乳产品编号　　CEMA-N02105PM

验 收 时 间　　2018 年 6 月 23 日

抽 检 时 间　　2019 年 10 月 24 日

所有指标均符合《优质巴氏杀菌乳》标准

优质乳产品名称　　光明优倍高品质鲜牛奶 180mL

　　　　　　　　　纸杯

优质乳产品编号　　CEMA-N02106PM

验 收 时 间　　2018 年 6 月 23 日

抽 检 时 间　　2019 年 10 月 24 日

所有指标均符合《优质巴氏杀菌乳》标准

优质乳产品名称　　光明优倍高品质鲜牛奶 950mL

　　　　　　　　　屋顶盒

优质乳产品编号　　CEMA-N02107PM

验 收 时 间　　2018 年 6 月 23 日

抽 检 时 间　　2019 年 10 月 24 日

所有指标均符合《优质巴氏杀菌乳》标准

优质乳产品名称　　　光明优倍高品质鲜牛奶 460mL 屋顶盒

优质乳产品编号　　　CEMA-N02108PM

验 收 时 间　　　2018 年 6 月 23 日

抽 检 时 间　　　2019 年 10 月 24 日

所有指标均符合《优质巴氏杀菌乳》标准

优质乳产品名称　　　光明优倍高品质鲜牛奶 180mL 屋顶盒

优质乳产品编号　　　CEMA-N02109PM

验 收 时 间　　　2018 年 6 月 23 日

抽 检 时 间　　　2019 年 10 月 24 日

所有指标均符合《优质巴氏杀菌乳》标准

（三）优质乳工程验收

根据《优质乳工程管理办法》的相关规定，国家奶业科技创新联盟于2018年6月对武汉光明及优质乳相关牧场开展了验证和现场验收，包括产品的奶源（牧场）、加工前奶源的投料罐和每种优质乳产品的验证；所有生产优质乳产品生产线的保留时间和保持温度的验证；优质乳产品储藏、运输和销售终端冷链温度的验证；牧场奶源生产管理情况、加工工厂工艺参数控制、产品质量控制情况的现场查看和记录验证等。

2018年6月23日，国家奶业科技创新联盟组织专家对武汉光明进行了会议验收，宣布其奶源、工艺和产品符合《优质生乳》（MRT/B 01—2018）和《优质巴氏杀菌乳》（MRT/B 02—2018）的规定，武汉光明通过优质乳工程的验收。

（四）优质乳工程抽检

根据《优质乳工程管理办法》规定，国家奶业科技创新联盟于2019年10月对武汉光明乳品有限公司开展了抽检工作。参加抽检的9款优质乳工程产品各项指标符合《优质巴氏杀菌乳》（T/TDSTIA 004—2019）的规定：糠氨酸 ≤ 12mg/100g 蛋白质，乳铁蛋白 ≥ 25mg/L，β-乳球蛋白 ≥ 2 200mg/L。

八、广州光明乳品有限公司

（一）工厂介绍

广州光明乳品有限公司位于广州经济技术开发区，并于 2003 年正式投产，是光明乳业华南地区全资子公司，占地面积 60 亩（40 000 平方米），主要生产新鲜乳制品，产品类别包含：巴氏杀菌乳、高温杀菌乳、发酵乳、含乳饮料，年产能约 12 万吨。

广州光明乳品有限公司

广州光明乳品有限公司厂区

（二）优质乳工程产品介绍

广州光明通过实施优质乳工程，对杀菌工艺精度的控制进行了大幅强化，最大程度保留牛奶中的活性营养物质。

广州光明优质乳产品名称及编号

序号	企业名称	产品名称	优质乳产品编号
1	广州光明乳品有限公司	家里养了头澳洲牛鲜牛奶 946mL 屋顶盒	CEMA-N02201PM
2		家里养了头澳洲牛鲜牛奶 236mL 屋顶盒	CEMA-N02202PM
3		光明优倍高品质鲜牛奶 946mL 屋顶盒	CEMA-N02203PM
4		光明优倍高品质鲜牛奶 236mL 屋顶盒	CEMA-N02204PM

优质乳产品名称　家里养了头澳洲牛鲜牛奶 946mL 屋顶盒

优质乳产品编号　CEMA-N02201PM

验 收 时 间　2018 年 6 月 25 日

第一次抽检时间　2019 年 10 月 19 日

第二次抽检时间　2020 年 3 月 29 日

所有指标均符合《优质巴氏杀菌乳》标准

优质乳产品名称	家里养了头澳洲牛鲜牛奶 236mL 屋顶盒
优质乳产品编号	CEMA-N02202PM
验 收 时 间	2018 年 6 月 25 日
第一次抽检时间	2019 年 10 月 19 日
第二次抽检时间	2020 年 3 月 29 日

所有指标均符合《优质巴氏杀菌乳》标准

优质乳产品名称	光明优倍高品质鲜牛奶 946mL 屋顶盒
优质乳产品编号	CEMA-N02203PM
验 收 时 间	2018 年 6 月 25 日
第一次抽检时间	2019 年 10 月 19 日
第二次抽检时间	2020 年 3 月 29 日

所有指标均符合《优质巴氏杀菌乳》标准

优质乳产品名称	光明优倍高品质鲜牛奶 236mL 屋顶盒
优质乳产品编号	CEMA-N02204PM
验 收 时 间	2018 年 6 月 25 日
第一次抽检时间	2019 年 10 月 19 日
第二次抽检时间	2020 年 3 月 29 日

所有指标均符合《优质巴氏杀菌乳》标准

（三）优质乳工程验收

根据《优质乳工程管理办法》的相关规定，国家奶业科技创新联盟于 2018 年 6 月对广州光明及优质乳相关牧场开展了验证和现场验收，包括产品的奶源（牧场）、加工前奶源的投料罐和每种优质乳产品的验证；所有生产优质乳产品生产线的保留时间和保持温度的验证；优质乳产品储藏、运输和销售终端冷链温度的验证；牧场奶源生产管理情况、加工工厂工艺参数控制、产品质量控制情况的现场查看和记录验证等。

2018 年 6 月 25 日，国家奶业科技创新联盟组织专家对广州光明进行了会议验收，宣布其奶源、工艺和产品符合《优质生乳》（MRT/B 01—2018）和《优质巴氏杀菌乳》（MRT/B 02—2018）的规定，广州光明通过优质乳工程的验收。

（四）优质乳工程抽检

根据《优质乳工程管理办法》规定，国家奶业科技创新联盟分别于 2019 年 10 月和 2020 年 3 月对广州光明乳品有限公司开展了抽检工作。参加抽检的 4 款优质乳工程产品各项指标符合《优质巴氏杀菌乳》（T/TDSTIA 004—2019）的规定：糠氨酸 ≤ 12mg/100g 蛋白质，乳铁蛋白 ≥ 25mg/L，β – 乳球蛋白 ≥ 2 200mg/L。

九、北京光明健能乳业有限公司

（一）工厂介绍

北京光明健能乳业有限公于 2002 年 12 月 28 日建成投产，占地面积 60 亩，拥有标准化厂房 14 518 平方米，工厂拥有国产、日本、瑞典等国引入的灌装线 20 条，可生产杯装、袋装、纸盒、桶装、利乐砖等各种规格的巴氏杀菌乳、发酵乳、灭菌乳、高温杀菌乳、调制乳及含乳饮料、果汁饮料等。年产约 5 万吨，产品主要覆盖华北、东北地区。

北京光明健能乳业有限公司

北京光明健能乳业有限公司生产车间

（二）优质乳工程产品介绍

北京光明通过实施优质乳工程，对杀菌工艺精度的控制进行了大幅强化，最大程度保留牛奶中的活性营养物质。

北京光明优质乳产品名称及编号

序号	企业名称	产品名称	优质乳产品编号
1		光明特品鲜牛奶 243mL 袋	CEMA-N02301PM
2		光明新鲜包鲜牛奶 220mL 袋	CEMA-N02302PM
3		光明优倍高品质鲜牛奶 200mL 屋顶盒	CEMA-N02303PM
4	北京光明健能乳业有限公司	光明优倍高品质鲜牛奶 500mL 屋顶盒	CEMA-N02304PM
5		光明优倍高品质鲜牛奶 950mL 屋顶盒	CEMA-N02305PM
6		光明乐在新鲜鲜牛奶 200mL 屋顶盒	CEMA-N02306PM
7		光明乐在新鲜鲜牛奶 500mL 屋顶盒	CEMA-N02307PM
8		光明乐在新鲜鲜牛奶 980mL 屋顶盒	CEMA-N02308PM

优质乳产品名称　　光明特品鲜牛奶 243mL 袋

优质乳产品编号　　CEMA-N02301PM

验 收 时 间　　2018 年 6 月 26 日

第一次抽检时间　　2019 年 11 月 19 日

第二次抽检时间　　2020 年 4 月 13 日

所有指标均符合《优质巴氏杀菌乳》标准

优质乳产品名称　　光明新鲜包鲜牛奶 220mL 袋

优质乳产品编号　　CEMA-N02302PM

验 收 时 间　　2018 年 6 月 26 日

第一次抽检时间　　2019 年 11 月 19 日

第二次抽检时间　　2020 年 4 月 13 日

所有指标均符合《优质巴氏杀菌乳》标准

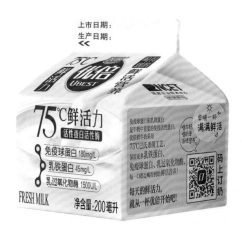

优质乳产品名称　　光明优倍高品质鲜牛奶 200mL

　　　　　　　　　屋顶盒

优质乳产品编号　　CEMA-N02303PM

验 收 时 间　　2018 年 6 月 26 日

第一次抽检时间　　2019 年 11 月 19 日

第二次抽检时间　　2020 年 4 月 13 日

所有指标均符合《优质巴氏杀菌乳》标准

优质乳产品名称　　光明优倍高品质鲜牛奶 500mL

　　　　　　　　　屋顶盒

优质乳产品编号　　CEMA-N02304PM

验 收 时 间　　2018 年 6 月 26 日

第一次抽检时间　　2019 年 11 月 19 日

第二次抽检时间　　2020 年 4 月 13 日

所有指标均符合《优质巴氏杀菌乳》标准

优质乳产品名称　　　光明优倍高品质鲜牛奶 950mL
　　　　　　　　　　　屋顶盒

优质乳产品编号　　　CEMA-N02305PM

验　收　时　间　　　2018 年 6 月 26 日

第一次抽检时间　　　2019 年 11 月 19 日

第二次抽检时间　　　2020 年 4 月 13 日

所有指标均符合《优质巴氏杀菌乳》标准

优质乳产品名称　　　光明乐在新鲜鲜牛奶 200mL
　　　　　　　　　　　屋顶盒

优质乳产品编号　　　CEMA-N02306PM

验　收　时　间　　　2018 年 6 月 26 日

第一次抽检时间　　　2019 年 11 月 19 日

第二次抽检时间　　　2020 年 4 月 13 日

所有指标均符合《优质巴氏杀菌乳》标准

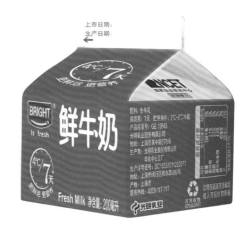

优质乳产品名称　　　光明乐在新鲜鲜牛奶 500mL
　　　　　　　　　　　屋顶盒

优质乳产品编号　　　CEMA-N02307PM

验　收　时　间　　　2018 年 6 月 26 日

第一次抽检时间　　　2019 年 11 月 19 日

第二次抽检时间　　　2020 年 4 月 13 日

所有指标均符合《优质巴氏杀菌乳》标准

优质乳产品名称　　光明乐在新鲜鲜牛奶 980mL
　　　　　　　　　屋顶盒

优质乳产品编号　　CEMA-N02308PM

验 收 时 间　　　2018 年 6 月 26 日

第一次抽检时间　　2019 年 11 月 19 日

第二次抽检时间　　2020 年 4 月 13 日

所有指标均符合《优质巴氏杀菌乳》标准

（三）优质乳工程验收

根据《优质乳工程管理办法》的相关规定，国家奶业科技创新联盟于2018年6月对北京光明及优质乳相关牧场开展了验证和现场验收，包括产品的奶源（牧场）、加工前奶源的投料罐和每种优质乳产品的验证；所有生产优质乳产品生产线的保留时间和保持温度的验证；优质乳产品储藏、运输和销售终端冷链温度的验证；牧场奶源生产管理情况、加工工厂工艺参数控制、产品质量控制情况的现场查看和记录验证等。

2018年6月26日，国家奶业科技创新联盟组织专家对北京光明进行了会议验收，宣布其奶源、工艺和产品符合《优质生乳》（MRT/B 01—2018）和《优质巴氏杀菌乳》（MRT/B 02—2018）的规定，北京光明通过优质乳工程的验收。

（四）优质乳工程抽检

根据《优质乳工程管理办法》规定，国家奶业科技创新联盟分别于2019年11月和2020年4月对北京光明健能乳业有限公司开展了抽检工作。参加抽检的8款优质乳工程产品各项指标符合《优质巴氏杀菌乳》（T/TDSTIA 004—2019）的规定：糠氨酸 ≤ 12mg/100g 蛋白质，乳铁蛋白 ≥ 25mg/L，β-乳球蛋白 ≥ 2 200mg/L。

十、成都光明乳业有限公司

（一）工厂介绍

成都光明乳业有限公司是光明乳业有限公司响应国家开发中西部的号召而在成都投资设立的乳制品加工、销售企业。公司于 2004 年 12 月 17 日注册成立。2005 年 9 月 27 日，生产基地建成投产。占地面积 65 亩（43 000 平方米），主要生产新鲜、常温乳制品，年产能 16 万吨，产品销售覆盖以成都为中心的四川、重庆、云南等地区。

成都光明乳业有限公司

成都光明乳业有限公司灌装车间

（二）优质乳工程产品介绍

成都光明通过实施优质乳工程，对杀菌工艺精度的控制进行了大幅强化，最大程度保留牛奶中的活性营养物质。

成都光明优质乳产品名称及编号

序号	企业名称	产品名称	优质乳产品编号
1		光明乐在新鲜鲜牛奶 200mL 屋顶盒	CEMA-N02501PM
2		光明乐在新鲜鲜牛奶 500mL 屋顶盒	CEMA-N02502PM
3	成都光明乳业	光明乐在新鲜鲜牛奶 980mL 屋顶盒	CEMA-N02503PM
4	有限公司	光明优倍高品质鲜牛奶 200mL 屋顶盒	CEMA-N02504PM
5		光明优倍高品质鲜牛奶 500mL 屋顶盒	CEMA-N02505PM
6		光明优倍高品质鲜牛奶 950mL 屋顶盒	CEMA-N02506PM

优质乳产品名称　光明乐在新鲜鲜牛奶 200mL

屋顶盒

优质乳产品编号　CEMA-N02501PM

验 收 时 间　2018 年 6 月 27 日

第一次抽检时间　2019 年 11 月 4 日

第二次抽检时间　2020 年 4 月 8 日

所有指标均符合《优质巴氏杀菌乳》标准

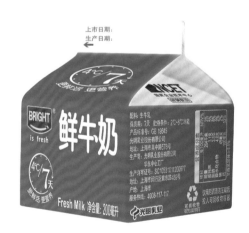

优质乳产品名称	光明乐在新鲜鲜牛奶 500mL 屋顶盒
优质乳产品编号	CEMA-N02502PM
验 收 时 间	2018 年 6 月 27 日
第一次抽检时间	2019 年 11 月 4 日
第二次抽检时间	2020 年 3 月 25 日

所有指标均符合《优质巴氏杀菌乳》标准

优质乳产品名称	光明乐在新鲜鲜牛奶 980mL 屋顶盒
优质乳产品编号	CEMA-N02503PM
验 收 时 间	2018 年 6 月 27 日
第一次抽检时间	2019 年 11 月 4 日
第二次抽检时间	2020 年 4 月 8 日

所有指标均符合《优质巴氏杀菌乳》标准

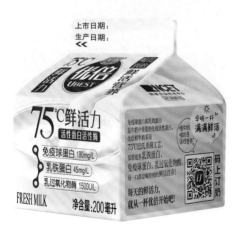

优质乳产品名称	光明优倍高品质鲜牛奶 200mL 屋顶盒
优质乳产品编号	CEMA-N02504PM
验 收 时 间	2018 年 6 月 27 日
第一次抽检时间	2019 年 11 月 4 日
第二次抽检时间	2020 年 4 月 8 日

所有指标均符合《优质巴氏杀菌乳》标准

优质乳产品名称	光明优倍高品质鲜牛奶 500mL 屋顶盒
优质乳产品编号	CEMA-N02505PM
验 收 时 间	2018 年 6 月 27 日
第一次抽检时间	2019 年 11 月 4 日
第二次抽检时间	2020 年 3 月 25 日

所有指标均符合《优质巴氏杀菌乳》标准

优质乳产品名称	光明优倍高品质鲜牛奶 950mL 屋顶盒
优质乳产品编号	CEMA-N02506PM
验 收 时 间	2018 年 6 月 27 日
第一次抽检时间	2019 年 11 月 4 日
第二次抽检时间	2020 年 3 月 25 日

所有指标均符合《优质巴氏杀菌乳》标准

（三）优质乳工程验收

根据《优质乳工程管理办法》的相关规定，国家奶业科技创新联盟于 2018 年 6 月对成都光明及优质乳相关牧场开展了验证和现场验收，包括产品的奶源（牧场）、加工前奶源的投料罐和每种优质乳产品的验证；所有生产优质乳产品生产线的保留时间和保持温度的验证；优质乳产品储藏、运输和销售终端冷链温度的验证；牧场奶源生产管理情况、加工工厂工艺参数控制、产品质量控制情况的现场查看和记录验证等。

2018 年 6 月 27 日，国家奶业科技创新联盟组织专家对成都光明进行了会议验收，宣布其奶源、工艺和产品符合《优质生乳》（MRT/B 01—2018）和《优质巴氏杀菌乳》（MRT/B 02—2018）的规定，成都光明通过优质乳工程的验收。

（四）优质乳工程抽检

根据《优质乳工程管理办法》规定，国家奶业科技创新联盟分别于 2019 年 11 月和 2020 年 3 月、4 月对成都光明开展了抽检工作。参加抽检的 6 款优质乳工程产品各项指标符合《优质巴氏杀菌乳》（T/TDSTIA 004—2019）的规定：糠氨酸 ≤ 12mg/100g 蛋白质，乳铁蛋白 ≥ 25mg/L，β - 乳球蛋白 ≥ 2 200mg/L。

十一、企业开展的优质乳工程活动

（一）承办首届中国奶业新鲜峰会

2019 年 11 月 26 日，由国家农业科技创新联盟主办，国家奶业科技创新联盟、光明乳业承办的"振兴奶业、优质发展、鲜致未来""首届中国奶业新鲜峰会"在上海召开。以首届中国奶业新鲜峰会为起点，《上海宣言》为序章，隆重发布了我国第一部优质巴氏杀菌乳完整标准体系，包括《特优级生乳》《优级生乳》《优质巴氏杀菌乳》《奶及奶制品中乳铁蛋白的测定　液相色谱法》《乳及乳制品中 β–乳球蛋白的测定　液相色谱法》《巴氏杀菌乳中碱性磷酸酶活性的测定　发光法》等 6 个标准。此外，还同时发布了《优质超高温瞬时灭菌乳》标准。本次会议开展广泛而深入的探讨交流、沟通对话，就振兴民族奶业、健康中国家庭、造福子孙万代的历史使命达成共识，从而共同构建起坚强有力的中国乳业新鲜联盟。

国家奶业科技创新联盟系列团体标准发布（2019 年 11 月 26 日）

（二）召开光明牧业论坛暨长三角奶业大会

2019 年 8 月 13 日，国家奶业科技创新联盟理事长王加启、副理事长郑楠和秘书长张养东等参加第 20 届光明牧业论坛暨第 12 届长三角奶业大会。本次大会主题"与国同梦七十载，匠心牧业二十年"。王加启理事长应邀作为大会演讲嘉宾在大会上作了题为《不忘初心 凝聚匠心 牢记使命》的大会报告。王加启理事长提出中国奶业的发展始终只能依靠中国自己，因此需要优质乳标准体系引领行业发展。目前优质乳工程已经发展出了引领世界的优质乳标准体系，其必将为健康中国、引领奶业供给侧结构性改革提供助力，真正践行"不忘初心 凝聚匠心 牢记使命"。

国家奶业科技创新联盟理事长王加启作报告（2019 年 8 月 13 日）

（三）商讨《2019年中国优质巴氏奶发展研讨会论坛》

2019年8月22日，国家奶业科技创新联盟理事长王加启等一行到上海光明乳业进行会议座谈，与光明乳业讨论《2019年中国优质巴氏奶发展研讨会论坛》筹备事宜。王加启理事长在本次研讨会中提纲挈领地指出，优质乳工程是讲政治、是科学理论、是成熟可靠的技术体系、是伟大实践，更是历史使命。双方共同商定会议主办单位为国家农业科技创新联盟，承办单位为国家奶业科技创新联盟和光明乳业。

2019年中国优质巴氏奶发展研讨会论坛商讨会（2019年8月22日）

（四）优质乳工程工作交流

2019年9月7日至8日，国家奶业科技创新联盟理事长王加启等一行赴上海光明乳业交流光明优质乳工程工作，主要探讨了光明优质乳工程进展，确定了下一步工作方向。

（五）光明乳业荣获优质乳工程科技创新奖和工匠团队奖

2019 年 5 月 5 日，第六届"奶牛营养与牛奶质量"国际研讨会上，光明乳业在 2017—2018 年度优质乳工程系列公益品评活动中荣获"优质乳工程科技创新奖"和"优质乳工程工匠团队奖"，充分表明了光明乳业在实施优质乳工程过程中的科技成果和团队人员得到了国内外专家评委的广泛认可。

光明乳业股份有限公司荣获"优质乳工程科技创新奖"

光明乳业股份有限公司荣获"优质乳工程工匠团队奖"

企 业 名 称：广东燕塘乳业股份有限公司

优质乳企业编号：CEMA-N015

法 定 代 表 人：李志平

企 业 地 址：广东省广州市黄埔区香荔路 188 号

一、企业介绍

广东燕塘乳业股份有限公司（以下简称"燕塘乳业"）是广东本土第一家液态奶上市公司，加工能力为日产 800 吨，自有奶源基地，获得"GAP 一级认证"及"供港资格"。

广东燕塘乳业股份有限公司优质乳示范牧场

广东燕塘乳业股份有限公司工厂

二、优质乳工程产品介绍

燕塘乳业自有红五月牧场专供优质乳生产奶源，保证更高蛋白质、脂肪等牛奶基础营养，奶源更新鲜；当前优质乳工程鲜奶采用的是80℃巴氏杀菌工艺和75℃巴氏杀菌工艺，营养物质的损伤更小，保留更多的天然活性营养物质。其中，新广州塔产品是优质乳工程项目成果的直接成功转化，实现了75℃低温巴氏杀菌关键性技术指标的特优级管控，免疫球蛋白≥100mg/L，乳铁蛋白≥30mg/L，β-乳球蛋白≥3 400mg/L，乳过氧化物酶≥2 000U/L，糠氨酸≤8mg/100g蛋白质。

燕塘乳业优质乳产品名称及编号

序号	企业名称	产品名称	优质乳产品编号
1	广东燕塘乳业股份有限公司	燕塘鲜牛奶946mL屋顶盒	CEMA-N01501PM
2		燕塘鲜牛奶236mL屋顶盒	CEMA-N01502PM
3		燕塘鲜牛奶180mL屋顶盒	CEMA-N01503PM
4		燕塘广州塔鲜牛奶946mL屋顶盒	CEMA-N01504PM

优质乳产品名称	燕塘鲜牛奶946mL屋顶盒
优质乳产品编号	CEMA-N01501PM
验收时间	2018年4月22日
第一次抽检时间	2018年10月6日
第二次抽检时间	2019年10月19日
第三次抽检时间	2020年3月24日

所有指标均符合《优质巴氏杀菌乳》标准

优质乳产品名称	燕塘鲜牛奶 236mL 屋顶盒
优质乳产品编号	CEMA-N01502PM
验收时间	2018 年 4 月 22 日
第一次抽检时间	2018 年 10 月 6 日
第二次抽检时间	2019 年 10 月 19 日
第三次抽检时间	2020 年 3 月 24 日

所有指标均符合《优质巴氏杀菌乳》标准

优质乳产品名称	燕塘鲜牛奶 180mL 屋顶盒
优质乳产品编号	CEMA-N01503PM
验收时间	2018 年 4 月 22 日
第一次抽检时间	2018 年 10 月 6 日
第二次抽检时间	2019 年 10 月 19 日
第三次抽检时间	2020 年 3 月 24 日

所有指标均符合《优质巴氏杀菌乳》标准

优质乳产品名称	燕塘广州塔鲜牛奶 946mL 屋顶盒
优质乳产品编号	CEMA-N01504PM
验收时间	2019 年 10 月 19 日
抽检时间	2020 年 5 月 11 日

所有指标均符合《优质巴氏杀菌乳》标准

三、优质乳工程启动

2017 年 3 月，燕塘乳业向国家奶业科技创新联盟提交申请表和企业生产情况调查表等材料，申请实施优质乳工程。经过专家的调研与技术指导，燕塘乳业于 2017 年 6 月全面启动实施优质乳工程。

广东燕塘乳业股份有限公司

关于成立优质乳工程领导小组的通知

各部门、科室：

为了进一步提高燕塘乳业产品的品质，为消费者提供安全、优质、高端的乳制品，经过公司领导班子的讨论，决定建设优质乳工程。现成立优质乳工程领导小组。领导小组由以下成员组成：

组长：冯立科

副组长：刘世坤 余保宁

成员：（名单附后）

联系人：杨爱君

领导小组成员要充分认识到推行优质乳工程的重大意义，要严格制定实施计划、明确分工，互相配合，在联盟专家的指导下，尽快开展工作，形成一套优质乳工程的标准作业文件，完善质量管理体系，促进公司持续稳健发展。

特此通知

附：优质乳工程领导小组成员

广东燕塘乳业股份有限公司

2017.3.16

燕塘乳业关于成立优质乳工程小组的通知

国家奶业科技创新联盟副理事长顾佳升、秘书长张养东
参加广东燕塘乳业股份有限公司优质乳工程启动仪式

四、优质乳工程验收

　　根据《优质乳工程管理办法》的相关规定，国家奶业科技创新联盟于 2018 年 4 月对燕塘乳业开展了验证和现场验收，包括产品的奶源（牧场）、加工前奶源的投料罐和每种优质乳产品的验证；所有生产优质乳产品生产线的保留时间和保持温度的验证；优质乳产品储藏、运输和销售终端冷链温度的验证；牧场奶源生产管理情况、加工厂工艺参数控制、产品质量控制情况的现场查看和记录验证等。

广东燕塘乳业股份有限公司通过验收新闻发布会 1（2018 年 4 月 22 日）

2018 年 4 月 22 日，国家奶业科技创新联盟组织专家听取燕塘乳业优质乳进展汇报及完善的糠氨酸和碱性磷酸酶检测方法，查阅了燕塘乳业形成的系列规范作业标准文件：《优质乳奶源质量安全全程控制规范》《优质乳加工工艺全程控制规范》《优质乳存储运输销售全程控制规范》等，认为其奶源、产品基本确保优质乳工程能够长期稳定地实施，最终形成燕塘乳业通过优质乳工程的验收决议。

广东燕塘乳业股份有限公司通过验收新闻发布会 2（2018 年 4 月 22 日）

燕塘乳业发布会现场国家奶业科技创新联盟副理事长顾佳升作主题发言（2018 年 4 月 22 日）

燕塘乳业优质乳生产线

五、优质乳工程抽检

根据《优质乳工程管理办法》的相关规定，国家奶业科技创新联盟分别于 2018 年 10 月 6 日、2019 年 10 月 19 日和 2020 年 3 月 24 日对燕塘乳业开展了抽检工作。

参加抽检的优质乳工程产品各项指标均符合《优质巴氏杀菌乳》（T/TDSTIA 004—2019）的规定：糠氨酸 ≤ 12mg/100g 蛋白质，乳铁蛋白 ≥ 25mg/L，β - 乳球蛋白 ≥ 2 200mg/L。

六、企业开展的优质乳工程活动

（一）粤港澳大湾区奶业高质量发展论坛

第一届粤港澳大湾区奶业高质量发展论坛：2019 年 10 月 29 日由国家农业科技创新联盟主办，国家奶业科技创新联盟、广东省农垦集团有限公司及燕塘乳业联合承办的"粤港澳大湾区奶业高质量发展论坛"在广州召开。会上，国家奶业科技创新联盟发布首个《生乳用途分级技术规范》。这也是中国优质乳工程第一次在华南地区召开大型的主题交流活动。

此次论坛上，燕塘乳业被授予"优质乳工程标杆演示企业"和"优质乳工程标杆演示牧场"两个奖项，这不但意味着行业对其优质乳品格和科研成就的承认，更标志着本土优质乳工程标杆企业的诞生。

"粤港澳大湾区奶业高质量发展论坛"现场活动照

"粤港澳大湾区奶业高质量发展论坛"演讲嘉宾合影

（二）优质乳港澳出口情况

燕塘乳业广州开辟区旗舰工厂具有"智能高效、节能环保、行业演示"的杰出特性。继承燕塘"科技兴乳"的主旨开展理念，粤港澳大湾区挑战总投资越过6亿元，引进天下领先的乳品加工工艺，年产量最高可达25万吨。

新工厂稳定投产一年后，燕塘乳业（燕隆旗舰工厂）取得了"出口食物生产企业备案证明"，另外，燕塘乳业获得了粤港澳大湾区"菜篮子"生产基地认定，进而成为国内为数不多的进军港澳地域的乳企。

2019年9月，经中邦查验认证集团广东有限公司（CQC）现场审核通过，燕塘牛奶正式登陆澳门，率先开启国内鲜奶成品供应港澳地区的优鲜之路。不断迎合时下消费者对优鲜乳品的执念。

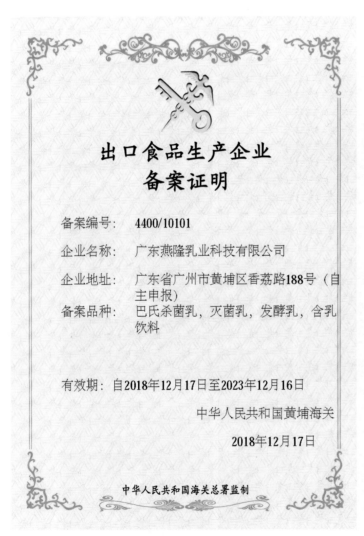

出口食品生产企业备案证明

燕塘乳业"菜篮子"生产基地认定证书

燕塘乳业供港澳产品冷藏运输专车

（三）红五月优质乳工程牧场调研

2018 年 4 月 22 日，自燕塘乳业完成优质乳验收工作后，国家奶业科技创新联盟多次赴燕塘乳业优质乳工程牧场红五月调研，指导优质生乳生产工作。阳江红五月牧场在国家奶业科技创新联盟专家的技术指导下，生乳指标超过欧盟和美国标准的要求。

（四）优质乳食品安全体验行活动情况

2018 年 7 月 27 日黄埔区、广州开发区食品安全体验行活动在燕塘乳业全新旗舰工厂正式启动。活动中强调了优质乳的质量保证环节：奶源、生产、品控、运输、储存等。

食品安全体验行活动现场

（五）燕塘乳业荣获优质乳工程检测技术奖

2019 年 5 月 5 日，第六届"奶牛营养与牛奶质量"国际研讨会上，燕塘乳业旗下子公司广东燕隆乳业科技有限公司在 2017—2018 年度优质乳工程系列公益品评活动中荣获"优质乳工程检测技术奖"。在"千人品鉴优质乳"活动中，燕塘鲜牛奶产品获得"中年最喜爱金奖"称号。荷兰乌得勒支大学 Fink-Gremmels 教授评价该产品的质量、口味和酸度等与其他牛奶不一样，相比于其他牛奶，她更喜欢燕塘鲜牛奶产品。

广东燕隆乳业科技有限公司荣获"优质乳工程检测技术奖"

燕塘鲜牛奶荣获"中年最喜爱金奖"

（六）提升检测能力

从 2018 年起燕塘乳业安排人员积极参加农业农村部奶及奶制品质量安全监督检验测试中心（北京）组织的牛奶中糠氨酸、乳果糖、乳铁蛋白、α-乳白蛋白和 β-乳球蛋白等指标检测技术培训，具备优质乳产品核心指标的检测能力。2019 年参加了国家奶业科技创新联盟举办的优质乳产品核心指标检测能力验证，并通过能力验证比对考核。

燕塘乳业检测人员进行优质乳相关检测

（七）优质乳透明工厂游活动情况

燕塘乳业从 2018 年起针对小朋友及家长开展了"燕塘牛奶营养小课堂"的科普宣传活动，向消费者传递优质乳的营养知识。

燕塘乳业牛奶营养小课堂科普宣传活动现场

燕塘乳业生产车间参观通道科普讲解宣传现场

（八）广东省食品学会年会上优质乳科普宣传活动

2019 年燕塘乳业党委委员兼总工程师余保宁带队在中乳协、省食品学会、省食品行业协会发表《益生菌在乳品中的应用研究》《着力推动奶业发展、确保乳品质量安全》等学术主旨演讲，对燕塘乳业的优质乳工程项目工作等进行了汇报。

燕塘乳业作为主讲嘉宾现场科普宣传优质乳活动照

（九）优质乳升级版新品发布宣传情况

2020 年 4 月燕塘乳业携手广州塔推出了新广州优质乳鲜牛奶，这也是首款与现代城市地标结合的乳制品。该产品还引入了新的奶源管理及加工品控技术，定位更鲜活更营养高端，以最小损失生乳营养，最大程度保留生乳中的活性物质为最终产品目标。该产品具有乳品行业示范作用，引进从奶源源头→运输→生产加工→终端输送全产业链的先进管控技术，实现了节能减耗，推动国内乳品消费信心。

燕塘乳业新广州优质乳鲜牛奶市场推广活动现场

企 业 名 称： 广州风行乳业股份有限公司

优质乳企业编号： CEMA-N016

法 定 代 表 人： 韩春辉

企 业 地 址： 广州市天河区沙太南路 342 号

一、企业介绍

　　广州风行乳业股份有限公司（以下简称"风行乳业"）1927 年诞生于广州市东川路，是拥有悠久历史的全产业链乳品企业。

广州风行乳业股份有限公司优质示范牧场——仙泉湖牧场

广州风行乳业股份有限公司工厂

二、优质乳工程产品介绍

风行优质乳产品——946mL仙泉湖鲜牛奶，甄选来自自营生态养殖牧场——仙泉湖牧场，仙泉湖是风行乳业三大现代化牧场之 ，先后被评为国家学生饮用奶奶源供应基地及全国农垦现代化养殖示范场，是广东省唯一一家安装污染源在线监测系统的现代化奶源基地。

从牧场到工厂全程不超过60km，只需1h。牧场奶源的理化及卫生指标都优于国内水平及国家食品安全国际标准的要求，其中体细胞数每毫升≤20万。从鲜奶采集到最后成品，全程生产工艺保证在12h之内完成，最大程度地保证了产品营养成分的鲜度和活性，产品领鲜华南。成为国内首个拥有碳标签的巴氏杀菌乳，采用80℃15s巴氏杀菌生产工艺。

风行乳业优质乳产品名称及编号

序号	企业名称	产品名称	优质乳产品编号
1	广州风行乳业股份有限公司	风行仙泉湖牧场鲜牛奶946mL屋顶盒	CEMA-N01601PM

优质乳产品名称 风行仙泉湖牧场鲜牛奶946mL 屋顶盒

优质乳产品编号 CEMA-N01601PM

验 收 时 间 2018年4月22日

第一次抽检时间 2018年10月9日

第二次抽检时间 2019年10月19日

第三次抽检时间 2020年3月22日

所有指标均符合《优质巴氏杀菌乳》标准

三、优质乳工程启动

2017 年 5 月，风行乳业向国家奶业科技创新联盟提交优质乳工程企业申请表及相关资料，申请实施优质乳工程。2017 年 6 月 28 日，风行乳业成立优质乳工程工作小组。经过专家的调研与技术指导，2017 年 8 月 14 日，风行乳业优质乳工程启动会议在风行乳业沙太工厂召开。

广州风行乳业股份有限公司文件

穗风行发〔2017〕74 号

关于成立优质乳工程工作小组的通知

各单位、部(室)：

为加快推进公司优质乳工程建设，从奶源建设、加工工艺、冷链运输多个环节进行全产业链升级，力争通过中国优质乳工程验收，经研究决定成立优质乳工程工作小组，名单如下：

组　长：赵伟师

副组长：林少宝

成　员：黄恒新、吴达雄、林泽滨、林瑞珏、陈真

特此通知。

广州风行乳业股份有限公司

2017 年 6 月 28 日

风行乳业关于成立优质乳工程小组的通知

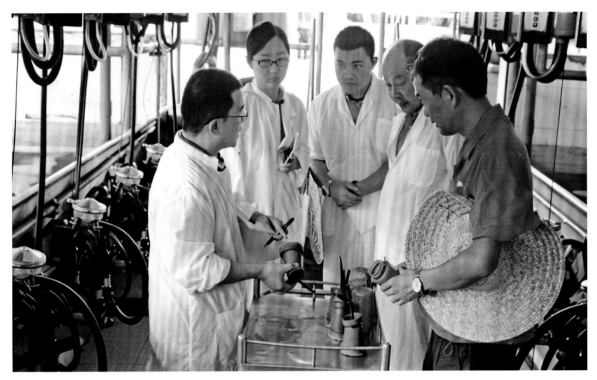

国家奶业科技创新联盟副理事长郑楠、秘书长张养东在风行牧场调研指导

国家奶业科技创新联盟理事长王加启在风行乳业工厂调研指导

四、优质乳工程验收

根据《优质乳工程管理办法》规定，2018 年 4 月，国家奶业科技创新联盟专家组一行对风行乳业实施优质乳工程情况进行现场验证。包括产品的奶源（牧场）、加工前奶源的投料罐和每种优质乳产品的验证；所有生产优质乳产品生产线的保留时间和保持温度的验证；优质乳产品储藏、运输和销售终端冷链温度的验证；牧场奶源生产管理情况、加工厂工艺参数控制、产品质量控制情况的现场查看和记录验证等。

2018 年 4 月 22 日上午，国家奶业科技创新联盟组织专家听取企业汇报，宣布其奶源符合《优质生乳》（MRT/B 01—2018）中特优级生乳的规定、工艺和产品符合《优质巴氏杀菌乳》（MRT/B 02—2018）的规定，

国家奶业科技创新联盟专家组对风行乳业实施优质乳工程情况进行现场验证

风行乳业通过优质乳工程的验收，成为华南地区首批通过优质乳工程验收的企业之一。

广州风行乳业股份有限公司通过验收新闻发布会（2018 年 4 月 22 日）

仙泉湖牧场——利拉伐并列式挤奶生产线

广州风行乳业股份有限公司工厂前处理自动化生产车间

广州风行乳业股份有限公司优质乳生产线

五、优质乳工程抽检

根据《优质乳工程管理办法》规定，国家奶业科技创新联盟分别于 2018 年 10 月 9 日、2019 年 10 月 19 日和 2020 年 3 月 22 日对风行乳业开展了抽检工作。

参加抽检的风行乳业优质乳工程产品——946mL 仙泉湖鲜牛奶各项指标符合《优质巴氏杀菌乳》（T/TDSTIA 004—2019）的规定：糠氨酸 ≤ 12mg/100g 蛋白质，乳铁蛋白 ≥ 25mg/L，β - 乳球蛋白 ≥ 2 200mg/L。

六、企业开展的优质乳工程活动

（一）风行乳业荣获优质乳工程科普贡献奖

2019年5月5日，第六届"奶牛营养与牛奶质量"国际研讨会上，风行乳业在2017—2018年度优质乳工程系列公益品评活动中荣获"优质乳工程科普贡献奖"。

广州风行乳业股份有限公司荣获"优质乳工程科普贡献奖"

（二）开展优质乳工程仙泉湖示范牧场体验游活动

风行乳业通过开设风行牛奶小讲堂，开展优质乳工程仙泉湖示范牧场体验游活动，引导消费者科学饮奶、倡导"天然活性营养"消费理念。

开展优质乳工程仙泉湖示范牧场体验游活动

（三）提升检测能力

从 2018 年起风行乳业安排人员积极参加农业农村部奶及奶制品质量安全监督检验测试中心（北京）组织的牛奶中糠氨酸、乳果糖、乳铁蛋白、α–乳白蛋白和 β–乳球蛋白等指标检测技术现场培训，具备优质乳产品核心指标的检测能力。

风行乳业检测人员进行优质乳产品检测 1

风行乳业检测人员进行优质乳产品检测 2

企 业 名 称： 山东得益乳业股份有限公司

优质乳企业编号： CEMA-N017

法 定 代 表 人： 王培亮

企 业 地 址： 山东省淄博市高新技术产业开发区裕民路 135 号

一、企业介绍

山东得益乳业股份有限公司（以下简称"得益乳业"）是山东低温奶制造企业，农业产业化国家重点龙头企业。

山东得益乳业股份有限公司工厂

山东得益乳业股份有限公司生态化自有农牧园

二、优质乳工程产品介绍

得益乳业共有 1 家牧场和 1 条生产线供应优质乳生产，优质乳产品当前采用的是 80℃ 15s 和 75℃ 15s 巴氏杀菌工艺，最大程度地保留了包括活性免疫球蛋白、活性乳铁蛋白、活性 α-乳白蛋白、活性钙、生长因子、生物活性肽等数百种活性物质。

得益乳业优质乳产品名称及编号

序号	企业名称	产品名称	优质乳产品编号
1	山东得益乳业股份有限公司	得益鲜牛奶 950mL 屋顶盒	CEMA-N01701PM
2		得益鲜牛奶 200mL 屋顶盒	CEMA-N01702PM

优质乳产品名称	得益鲜牛奶 950mL 屋顶盒
优质乳产品编号	CEMA-N01701PM
验 收 时 间	2018 年 5 月 24 日
第一次抽检时间	2019 年 11 月 9 日
第二次抽检时间	2020 年 4 月 7 日

所有指标均符合《优质巴氏杀菌乳》标准

优质乳产品名称　　得益鲜牛奶 200mL

　　　　　　　　　　屋顶盒

优质乳产品编号　　CEMA-N01702PM

验 收 时 间　　2018 年 5 月 24 日

第一次抽检时间　　2019 年 11 月 9 日

第二次抽检时间　　2020 年 4 月 7 日

所有指标均符合《优质巴氏杀菌乳》标准

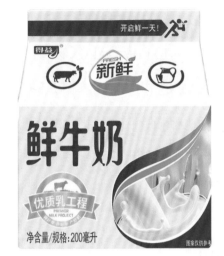

三、优质乳工程启动

2017 年，得益乳业向国家奶业科技创新联盟提交申请表和企业生产情况调查表等材料，申请实施优质乳工程。经过专家的调研与技术指导，得益乳业于 2017 年 5 月 22 日全面启动实施优质乳工程。

山东得益乳业股份有限公司文件

山得乳字〔2017〕130 号 　　　　　　签发人：王培亮

关于成立得益乳业优质乳工程项目小组的通知

公司各单位：

为更好的开展优质乳工程，提升得益全产业链标准，提升产品品质，更好的服务消费者，公司决定成立得益乳业优质乳工程项目小组。

其组织架构及人员分工如下：

组　长：高　玲　职责：全面负责优质乳工程项目沟通、推进及统筹管理工作；

副组长：宋泽元　职责：协助组长开展优质乳工程项目工作，负责项目的整体排期的跟进及督促；

成　员：徐庭顺　职责：优质乳工程项目上游奶源整改内容的落实；

成　员：马立良　职责：优质乳工程项目中游生产车间整改内容落实；

成　员：田茂俊　职责：优质乳工程项目物流环节整改内容的落实和冷链存在问题的整改；

成　员：王　兵　职责：优质乳工程项目终端销售环节整改内容的落实和冷链存在问题的整改；

成　员：朱士强　职责：优质乳产品的检测和原料奶质量问题的整

1

得益乳业关于成立优质乳工程小组的通知

国家奶业科技创新联盟理事长王加启在得益乳业牧场调研指导

国家奶业科技创新联盟副理事长顾佳升在得益乳业牧场调研指导

国家奶业科技创新联盟秘书长张养东在得益乳业牧场调研指导

四、优质乳工程验收

　　根据《优质乳工程管理办法》的相关规定，国家奶业科技创新联盟于 2018 年 5 月对得益乳业开展了验证和现场验收，包括产品的奶源（牧场）、加工前奶源的投料罐和每种优质乳产品的验证；所有生产优质乳产品生产线的保留时间和保持温度的验证；优质乳产品储藏、运输和销售终端冷链温度的验证；牧场奶源生产管理情况、加工厂工艺参数控制、产品质量控制情况的现场查看和记录验证等。

　　2018 年 5 月 24 日，国家奶业科技创新联盟组织专家听取企业汇报，宣布其奶源符合《优质生乳》（MRT/B 01—2018）中特优级生乳的规定、工艺和产品符合《优质巴氏杀菌乳》（MRT/B 02—2018）的规定，得益乳业通过优质乳工程的验收。

山东得益乳业股份有限公司优质乳工程验收会（2018 年 5 月 24 日）

山东得益乳业股份有限公司通过验收新闻发布会（2018 年 7 月 10 日）

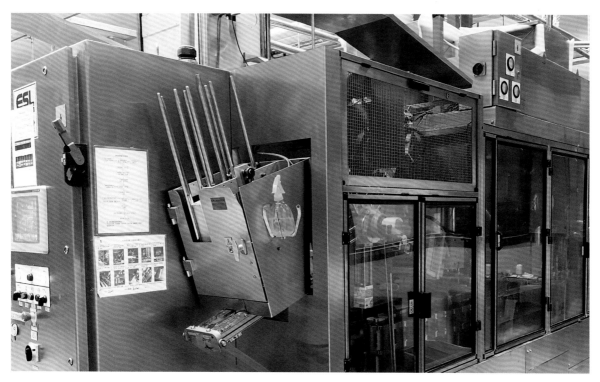

山东得益乳业股份有限公司优质乳生产线

五、优质乳工程抽检

根据《优质乳工程管理办法》的相关规定，国家奶业科技创新联盟分别于 2019 年 11 月 11 日和 2020 年 4 月 7 日对得益乳业开展了抽检工作。

参加抽检的优质乳工程产品各项指标符合《优质巴氏杀菌乳》（T/TDSTIA 004—2019）的规定：糠氨酸 ≤ 12mg/100g 蛋白质，乳铁蛋白 ≥ 25mg/L，β – 乳球蛋白 ≥ 2 200mg/L。

六、企业开展的优质乳工程活动

（一）优质乳鲜奶市场推广活动

得益乳业优质乳实施以来，不断提升科技水平和产品品质，不断宣传优质乳产品的优质特点，产品中活性物质含量给消费者带来更多的健康价值，使消费者更多选择高品质的得益产品。自 2018 年 7 月至 2020 年 7 月，单品销量最高增加到原来的 5 倍。

得益乳业优质乳鲜奶市场推广活动

（二）得益乳业荣获优质乳工程工匠团队奖

2019年5月5日，第六届"奶牛营养与牛奶质量"国际研讨会上，得益乳业在2017—2018年度优质乳工程系列公益品评活动中荣获"优质乳工程工匠团队奖"。

山东得益乳业股份有限公司荣获"优质乳工程工匠团队奖"

TM

企 业 名 称：南京卫岗乳业有限公司

优质乳企业编号：CEMA-N027

法 定 代 表 人：白元龙

企 业 地 址：南京市江宁经济技术开发区将军大道 139 号

一、企业介绍

南京卫岗乳业有限公司（以下简称"卫岗乳业"）是国家农业部等八部委认定的农业产业化重点龙头企业。

南京卫岗乳业有限公司优质乳示范牧场

南京卫岗乳业有限公司工厂

二、优质乳工程产品介绍

卫岗乳业盱眙牧场专供优质乳生产奶源，保证更高蛋白质、脂肪等牛奶基础营养，约 2h 从牧场运达工厂，保证牛奶最初的鲜活；当前优质乳工程鲜奶采用的是 82℃ 15s 巴氏杀菌工艺，保留更多乳铁蛋白等天然活性营养物质。

卫岗乳业优质乳产品名称及编号

序号	企业名称	产品名称	优质乳产品编号
1		卫岗鲜牛奶 245mL 屋顶盒	CEMA-N02701PM
2		卫岗鲜牛奶 490mL 屋顶盒	CEMA-N02702PM
3	南京卫岗乳业 有限公司	卫岗鲜牛奶 980mL 屋顶盒	CEMA-N02703PM
4		卫岗至淳草饲鲜牛奶 950mL 屋顶盒 （原卫岗至淳鲜牛奶 950mL 屋顶盒）	CEMA-N02704PM
5		卫岗至淳鲜牛奶 195mL 玻璃瓶	CEMA-N02705PM

优质乳产品名称　　卫岗鲜牛奶 245mL
　　　　　　　　　　　屋顶盒

优质乳产品编号　　CEMA-N02701PM

验 收 时 间　　2018 年 11 月 11 日

所有指标均符合《优质巴氏杀菌乳》标准

状况：已调整

优质乳产品名称　　卫岗鲜牛奶 490mL
　　　　　　　　　屋顶盒

优质乳产品编号　　CEMA-N02702PM

验 收 时 间　　2018 年 11 月 11 日

所有指标均符合《优质巴氏杀菌乳》标准

状况：已调整

优质乳产品名称　　卫岗鲜牛奶 980mL
　　　　　　　　　屋顶盒

优质乳产品编号　　CEMA-N02703PM

验 收 时 间　　2018 年 11 月 11 日

所有指标均符合《优质巴氏杀菌乳》标准

状况：已调整

优质乳产品名称　卫岗至淳草饲鲜牛奶 950mL

　　　　　　　　　　屋顶盒（原卫岗至淳鲜牛奶 950mL 屋顶盒）

优质乳产品编号　CEMA-N02704PM

第一次抽检时间　2019 年 10 月 22 日

第二次抽检时间　2020 年 5 月 5 日

所有指标均符合《优质巴氏杀菌乳》标准

优质乳产品名称　卫岗至淳鲜牛奶 195mL

　　　　　　　　　　玻璃瓶

优质乳产品编号　CEMA-N02705PM

第一次抽检时间　2019 年 10 月 22 日

第二次抽检时间　2020 年 5 月 5 日

所有指标均符合《优质巴氏杀菌乳》标准

三、优质乳工程启动

2016 年卫岗乳业向国家奶业科技创新联盟提交申请表和企业生产情况调查表等材料，申请实施优质乳工程。经过专家的调研与技术指导，卫岗乳业于同年 5 月全面启动实施优质乳工程。

南京卫岗乳业有限公司文件

行政字[2018]21 号

★

关于组建优质乳工程领导小组的通知

各公司、各部门

为了加快公司优质乳工程的工作推进，全面落实新鲜战略，按照项目既定计划，组建优质乳工程领导小组，领导小组由下列同志组成：

总指挥：谭玲

组　长：龚浩

副组长：张玉兰、胡长利、田雨、王汝慧、

组　员：杨姣、刘小军、聂德智、蒋荣、相桂林、宋炜、谢娟、张雯雯、吴昌林、朱成刚

优质乳工程领导小组要带头深化对优质乳工程重大意义和作用的认识，深刻把握优质乳工程与南京卫岗乳业品牌塑造之间的关系，各板块分别制定周密分解计划，明确内部分工。牧业、加工作为重点提升单元，内部单独成立推进小组，落实任务推进。

特此通报！

南京卫岗乳业有限公司

二〇一八年七月三十日

卫岗乳业关于成立优质乳工程领导小组的通知

国家奶业科技创新联盟理事长王加启、副理事长顾佳升到访卫岗乳业进行指导
（2018 年 7 月 8 日）

四、优质乳工程验收

　　根据《优质乳工程管理办法》规定，国家奶业科技创新联盟 2018 年 8 月对卫岗乳业开展了验证和现场验收，包括产品的奶源（牧场）、加工前奶源的投料罐和每种优质乳产品的验证；所有生产优质乳产品生产线的保留时间和保持温度的验证；优质乳产品储藏、运输和销售终端冷链温度的验证；牧场奶源生产管理情况、加工厂工艺参数控制、产品质量控制情况的现场查看和记录验证等。

　　2018 年 11 月 11 日，国家奶业科技创新联盟组织专家听取企业汇报，宣布奶源符合《优质生乳》（MRT/B 01—2018）中特优级生乳的规定、工艺和产品符合《优质巴氏杀菌乳》（MRT/B 02—2018）的规定，卫岗乳业通过优质乳工程的验收。

国家奶业科技创新联盟在卫岗乳业开展现场验收

国家奶业科技创新联盟在卫岗乳业开展会议验收（2018 年 11 月 11 日）

卫岗乳业优质乳生产线

五、优质乳工程抽检

根据《优质乳工程管理办法》规定，国家奶业科技创新联盟 2019 年 12 月 24 日和 2020 年 5 月 5 日对卫岗乳业开展监督抽检工作。

参加抽检的优质乳工程产品各项指标均符合《优质巴氏杀菌乳》（T/TDSTIA 004—2019）的规定：糠氨酸 ≤ 12mg/100g 蛋白质，乳铁蛋白 ≥ 25mg/L，β – 乳球蛋白 ≥ 2 200mg/L。

六、企业开展的优质乳工程活动

（一）卫岗乳业优质乳工程进展调研

2018 年 7 月 8 日，国家奶业科技创新联盟组织相关专家赴卫岗乳业调研优质乳工程进展情况，国家奶业科技创新联盟理事长王加启、副理事长顾佳升、秘书长张养东、湖南农业大学张佩华教授等出席会议，王加启理事长作了"优质乳工程"的专题报告。

（二）卫岗乳业荣获优质乳工程科技创新奖

2019 年 5 月 5 日，第六届"奶牛营养与牛奶质量"国际研讨会上，卫岗乳业在 2017—2018 年度优质乳工程系列公益品评活动中荣获"优质乳工程科技创新奖"。在"千人品鉴优质乳"活动上，卫岗至淳鲜牛奶产品获得"女士最喜爱金奖"称号。新西兰乳业协会 Schumacher 主任喜欢卫岗至淳鲜牛奶的口感，很想把该牛奶带回家。

南京卫岗乳业有限公司荣获"优质乳工程科技创新奖"

卫岗至淳鲜牛奶荣获"女士最喜爱金奖"

（三）提升检测能力

卫岗乳业安排人员积极参加农业农村部奶及奶制品质量安全监督检验测试中心（北京）组织的牛奶中糠氨酸、乳果糖、乳铁蛋白、α-乳白蛋白和 β-乳球蛋白等指标检测技术培训，具备优质乳产品核心指标的检测能力。2018 年 5 月 22 日参加了农业部奶制品质量监督检验测试中心组织的检测能力验证比对考核，结果均为"满意"。

卫岗乳业检测人员进行优质乳相关检测

（四）优质乳科普宣传活动

卫岗乳业深入 10 余个地级市，开展近 30 场大型主题社区活动，推广低温奶知识，普及家庭饮奶习惯，覆盖人群达 3700 万。

卫岗乳业大型社区推广活动照

企 业 名 称：河南花花牛乳业集团股份有限公司

优质乳企业编号：CEMA-N029

法 定 代 表 人：关晓彦

企 业 地 址：新蔡县产业集聚区文化路与月亮湾大道交叉口

一、企业介绍

河南花花牛乳业集团股份有限公司（以下简称"花花牛乳业"）是国家级农业产业化重点龙头企业，日加工乳制品能力达 1300 吨。

河南花花牛乳业集团股份有限公司优质示范牧场——瑞亚牧场

河南花花牛乳业集团股份有限公司工厂——郑州马寨

二、优质乳工程产品介绍

花花牛乳业共有 1 座优质乳供应牧场和 1 个优质乳加工厂，2 条优质乳生产线。优质乳产品当前均采用的是 77.3℃ 15s 巴氏杀菌工艺，更大程度地保留了牛奶中乳铁蛋白和 β–乳球蛋白等活性营养物质。

花花牛乳业优质乳产品名称及编号

序号	企业名称	产品名称	优质乳产品编号
1	河南花花牛乳业集团有限公司	花花牛巴氏鲜牛奶 200g 爱克林袋	CEMA-N02901PM
2		花花牛巴氏鲜牛奶 180g 百利包袋	CEMA-N02902PM

优质乳产品名称	花花牛巴氏鲜牛奶 200g 爱克林袋	
优质乳产品编号	CEMA-N02901PM	
验 收 时 间	2019 年 6 月 21 日	
抽 检 时 间	2020 年 5 月 18 日	

所有指标均符合《优质巴氏杀菌乳》标准

优质乳产品名称	花花牛巴氏鲜牛奶 180g 百利包袋	
优质乳产品编号	CEMA-N02902PM	
验 收 时 间	2019 年 6 月 21 日	
抽 检 时 间	2020 年 5 月 18 日	

所有指标均符合《优质巴氏杀菌乳》标准

三、优质乳工程启动

2018 年 5 月，花花牛乳业向国家奶业科技创新联盟提交申请表和企业生产情况调查表等材料，申请实施优质乳工程。经过专家的调研与技术指导，花花牛乳业于 2018 年 9 月全面启动实施优质乳工程。

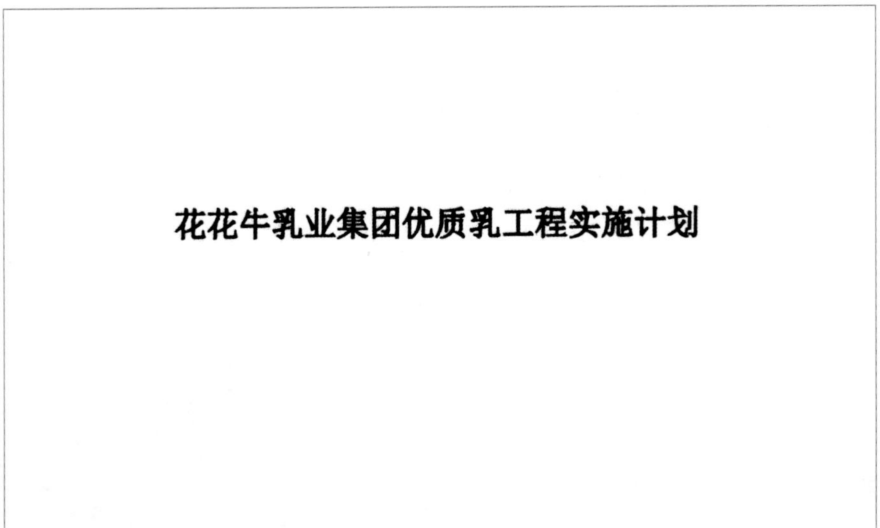

花花牛乳业集团优质乳工程实施计划

河南花花牛乳业集团股份有限公司
（优质乳工程项目组）

二〇一八年九月十四日

审批：关晓彦   审核：董硕峰   编写：杨永

1/12

花花牛乳业优质乳工程实施计划

国家奶业科技创新联盟理事长王加启在花花牛乳业调研指导

国家奶业科技创新联盟副理事长顾佳升在花花牛乳业调研指导

四、优质乳工程验收

根据《优质乳工程管理办法》规定，国家奶业科技创新联盟 2019 年 6 月对花花牛乳业开展了验证和现场验收，包括产品奶源、加工前奶源的投料罐和每种优质乳产品的验证；优质乳产品生产线的保留时间和保持温度的验证；优质乳产品储藏、运输和销售终端冷链温度的验证；牧场奶源生产管理情况、加工厂工艺参数控制、产品质量控制情况的现场查看和记录验证等。

2019 年 6 月 21 日，国家奶业科技创新联盟组织专家听取企业汇报，宣布其奶源符合《生乳用途分级技术规范》（T/TDSTIA 001—2019）的规

河南花花牛乳业集团有限公司通过优质乳验收

定，工艺符合《优质巴氏杀菌乳加工工艺技术规范》（T/TDSTIA 011—2019）的规定，巴氏杀菌乳产品符合《优质巴氏杀菌乳》（T/TDSTIA 004—2019）的规定，花花牛乳业通过优质乳工程的验收，成为河南省首家通过优质乳工程验收的企业。

杨永副总裁在花花牛乳业优质乳工程验收会议上汇报（2019 年 6 月 21 日）

河南花花牛乳业集团股份有限公司优质乳生产线

五、优质乳工程抽检

根据《优质乳工程管理办法》规定，国家奶业科技创新联盟于 2020 年 5 月 18 日对花花牛乳业 2 款优质乳产品开展了抽检工作。

抽检的 2 款优质乳工程产品各项指标符合《优质巴氏杀菌乳》（T/TDSTIA 004—2019）的规定：糠氨酸 $\leqslant$ 12mg/100g 蛋白质，乳铁蛋白 $\geqslant$ 25mg/L，β – 乳球蛋白 $\geqslant$ 2 200mg/L。

六、企业开展的优质乳工程活动

（一）优质乳工程验收新闻发布会

2019 年 7 月 22 日，花花牛乳业集团在郑州召开优质乳工程验收新闻发布会，国家奶业科技创新联盟理事长王加启、副理事长顾佳升、秘书长张养东博士等出席会议，会上王加启研究员做"振兴奶业的初心与使命"主题报告；同时，理事长王加启与副理事长顾佳升共同为花花牛乳业进行国家优质乳工程授牌。

花花牛乳业通过验收新闻发布会现场（2019年7月22日）

花花牛乳业优质乳工程授牌仪式（2019年7月22日）

（二）开展优质乳科普宣传活动

花花牛乳业向社会各界开展了多次优质乳的科普宣传活动，持续引导消费者正确认识优质乳、树立科学的消费理念。

花花牛乳业向小朋友开展优质乳宣传活动

花花牛乳业开展户外科学实践课堂

（三）优质乳推广活动

2020年起，花花牛乳业联合河南省农业厅拍摄制作河南优质乳巴氏鲜牛奶宣传片，进行了优质乳巴氏鲜牛奶传播推广等多种形式的线上、线下优质乳科普宣传活动。

花花牛乳业在微信平台进行优质乳科普宣传

（四）提升检测能力

从 2018 年起花花牛乳业安排人员积极参加农业农村部奶及奶制品质量安全监督检验测试中心（北京）组织的牛奶中糠氨酸、乳果糖、乳铁蛋白、α-乳白蛋白和 β-乳球蛋白等指标检测技术现场培训，具备优质乳产品核心指标的检测能力。

花花牛乳业检测人员进行优质乳产品检测

MODERN FARMING
现代牧业

企 业 名 称： 现代牧业（集团）有限公司

优质乳企业编号： CEMA-N002（蚌埠工厂）

CEMA-N003（塞北工厂）

法 定 代 表 人： 高丽娜

企 业 地 址： 安徽省马鞍山市博望区丹阳镇

一、企业介绍

现代牧业（集团）有限公司（以下简称"现代牧业"）成立于 2005 年 9 月，在全国建成万头规模牧场 26 个，现存栏奶牛 23 万头。

现代牧业（集团）有限公司蚌埠牧场（全球最大的单体牧场）

二、优质乳工程产品介绍

现代牧业 2 家工厂通过优质乳工程的实施，其中现代牧业 2 小时鲜奶，源自自有牧场与工厂零距离一体化模式，从挤奶到成品 2 小时完成，充分保存牛奶中免疫活性物质；常温纯牛奶，采用现代牧业自有规模化牧场的高品质原奶加工而成，不添加任何防腐剂，保证从挤奶到加工 2 小时内完成，保存牛奶的新鲜度及香醇口感。

现代牧业优质乳产品名称及编号

序号	企业名称	产品名称	优质乳产品编号
1	现代牧业（蚌埠）有限公司	2 小时鲜牛奶 250mL PET 瓶	CEMA-N00201PM
2		2 小时鲜牛奶 1L PET 瓶	CEMA-N00202PM
3		纯牛奶 250mL 利乐包	CEMA-N00203UHT
4	现代牧业（塞北）有限公司	2 小时鲜牛奶 250mL PET 瓶	CEMA-N00301PM
5		2 小时鲜牛奶 1L PET 瓶	CEMA-N00302PM
6		纯牛奶 250mL 利乐包	CEMA-N00303UHT

1. 现代牧业（蚌埠）有限公司

优质乳产品名称　2 小时鲜牛奶 250mL PET 瓶

优质乳产品编号　CEMA-N00201PM

验 收 时 间　2016 年 10 月 22 日

所有指标均符合《优质巴氏杀菌乳》标准

状况：暂无进展

优质乳产品名称　　2 小时鲜牛奶 1L

　　　　　　　　　PET 瓶

优质乳产品编号　　CEMA-N00202PM

验 收 时 间　　2016 年 10 月 22 日

所有指标均符合《优质巴氏杀菌乳》标准

状况：暂无进展

优质乳产品名称　　纯牛奶 250mL

　　　　　　　　　利乐包

优质乳产品编号　　CEMA-N00203UHT

验 收 时 间　　2016 年 10 月 22 日

所有指标均符合《优质超高温瞬时灭菌乳》标准

状况：暂无进展

2. 现代牧业（塞北）有限公司

优质乳产品名称　　2 小时鲜牛奶 250mL

　　　　　　　　　PET 瓶

优质乳产品编号　　CEMA-N00301PM

验 收 时 间　　2016 年 10 月 22 日

所有指标均符合《优质巴氏杀菌乳》标准

状况：暂无进展

优质乳产品名称　　2 小时鲜牛奶 1L

　　　　　　　　　　PET 瓶

优质乳产品编号　　CEMA-N00302PM

验 收 时 间　　2016 年 10 月 22 日

所有指标均符合《优质巴氏杀菌乳》标准

状况：暂无进展

优质乳产品名称　　纯牛奶 250mL

　　　　　　　　　　利乐包

优质乳产品编号　　CEMA-N00303UHT

验 收 时 间　　2016 年 10 月 22 日

所有指标均符合《优质超高温瞬时灭菌乳》标准

状况：暂无进展

三、优质乳工程启动

现代牧业自 2014 年 9 月在国内率先实施优质乳工程优质超高温瞬时灭菌乳项目。2015 年 6 月 11 日，现代牧业与中国农业科学院奶业创新团队签署合作协议，成为"优质乳工程"试点企业。2016 年 4 月又启动实施优质巴氏杀菌乳项目。

"优质乳工程"项目的执行方案

项目合作单位：现代牧业团队、奶业创新团队

方案发布单位：现代牧业（集团）有限公司

方案起草日期：二〇一五年二月一日

方案发布日期：二〇一五年二月三日

现代牧业"优质乳工程"项目的执行方案

现代牧业与中国农业科学院奶业创新团队签署合作协议（2015年6月9日）

四、优质乳工程验收

2016 年 10 月，中国农业科学院奶业创新团队组织专家对现代牧业进行了"奶牛养殖、乳品加工、乳品检验、乳品存放、乳品运输"现场检查检测，开展验证和现场验收，听取现代牧业实施优质乳工程以来的工作总结和技术总结汇报，全面审核了各项技术规范、各项工作记录、各类检验报告，现场检查了相关技术人员的操作，并同现代牧业总裁高丽娜、蚌埠牧场液奶中心主任周世刚等进行了深入的交流和沟通。

2016 年 10 月 22 日，中国农业科学院奶业创新团队组织专家对现代牧业的 2 家工厂进行会议验收，专家组一致认为，现代牧业管理层、技术层和生产一线都高度重视优质乳工程，对优质乳工程有了全面、系统和深刻的理解，并逐一落实到生产的各个环节。无论是奶源环节，还是加工环节，以及检测环节，都进一步得到规范和提升，符合《优质乳工程管理办

现代牧业（集团）有限公司优质乳工程验收会（2016 年 10 月 22 日）

法》验收标准，进行优质乳工程试验的巴氏杀菌乳和超高温瞬时灭菌乳同时通过"优质乳工程"验收。现代牧业2家工厂名称及编号分别为：现代牧业（蚌埠）有限公司（优质乳企业编号：CEMA-N002）和现代牧业（塞北）有限公司（优质乳企业编号：CEMA-N003）。

现代牧业2小时鲜奶生产线

现代牧业优质超高温瞬时灭菌乳生产线

五、企业开展的优质乳工程活动

（一）国家奶业科技创新联盟首批联盟理事会成员

2016年11月，由原农业部相关部门指导，在国家农业科技创新联盟框架下组建的"国家奶业科技创新联盟"在中国农业科学院召开成立会议，中国农业科学院党组书记陈萌山、农业部农产品质量安全监管局副局长金发忠、农业部奶业畜牧业司副司长王俊勋等相关领导，以及联盟理事长王加启、副理事长顾佳升等理事会成员围绕"奶业科技创新和优质乳"进行了权威对话，探讨中国乳业发展趋势和方向。现代牧业作为首批联盟理事会成员受邀参加并做代表发言。

"国家奶业科技创新联盟"成立会（2016年11月26日）

现代牧业（集团）有限公司获得国家奶业科技创新联盟授牌

（二）现代牧业四次荣获世界金奖暨中国优质乳成果报告新闻发布会

2017年7月11日上午，现代牧业四次荣获世界金奖暨中国优质乳成果报告新闻发布会在北京召开，中国奶业协会会长、原农业部副部长高鸿宾、原农业部奶业管理办公室副主任马莹、国家奶业科技创新联盟理事长王加启、蒙牛集团总裁卢敏放、现代牧业董事长高丽娜等出席发布会，与在场嘉宾和经销商伙伴共同见证了现代牧业牛奶的"纯、真、鲜、活"，以及新品"现代牧业鲜语"的上市启动会。

现代牧业四次荣获世界金奖暨中国优质乳成果报告新闻发布会（2017年7月11日）

（三）现代牧业荣获优质乳工程绿色发展奖

2019 年 5 月 5 日，第六届"奶牛营养与牛奶质量"国际研讨会上，现代牧业荣获"优质乳工程绿色发展奖"，现代牧业总裁助理赵遵阳代表企业领奖。该奖项表明，现代牧业在实施优质乳工程过程中的成果得到了国内外专家评委的广泛认可。

现代牧业荣获"优质乳工程绿色发展奖"

（四）优质乳科普宣传

现代牧业从 2017 年起，利用官方微信平台、企业号等新媒体平台对优质乳开展了科普宣传活动，引导消费者选择消费优质乳。

利用官方微信平台、企业号等新媒体平台宣传科普优质乳

企 业 名 称：广东温氏乳业有限公司

优质乳企业编号：CEMA-N030

法 定 代 表 人：李义林

企 业 地 址：广东省肇庆市高新技术产业

开发区亚铝大街东 12 号

一、企业介绍

广东温氏乳业有限公司（以下简称"温氏乳业"）创立于 2000 年，是温氏食品集团股份有限公司控股子公司。

广东温氏乳业有限公司优质乳牧场

广东温氏乳业有限公司优质乳工厂

二、优质乳工程产品介绍

　　温氏乳业共有 5 家牧场和 1 条生产线供应优质乳生产，旗下优质乳产品当前均采用的是 78℃ 15 s 巴氏杀菌工艺，最大程度地保留了活性免疫球蛋白、活性乳铁蛋白、活性 α-乳白蛋白、活性钙、生长因子、生物活性肽等数百种活性物质。

温氏乳业优质乳产品名称及编号

序号	企业名称	产品名称	优质乳产品编号
1	广东温氏乳业有限公司	温氏鲜之外鲜牛奶 250mL PET 瓶	CEMA-N03001PM

优质乳产品名称　温氏鲜之外鲜牛奶 250mL PET 瓶

优质乳产品编号　CEMA-N03001PM

验 收 时 间　2020 年 6 月 13 日

所有指标均符合《优质巴氏杀菌乳》标准

三、优质乳工程启动

2018年7月，温氏乳业向国家奶业科技创新联盟递交申请材料申请实施优质乳工程。2019年5月14日，国家奶业科技创新联盟专家莅临现场指导，并召开了会议座谈，会上专家了解了温氏乳业的发展情况，并对优质乳工程的开展进行了技术指导，宣布温氏乳业优质乳工程正式启动。

广东温氏乳业有限公司文件

乳业〔2019〕21号

关于成立广东乳业公司优质乳工程工作小组的通 知

公司下属各单位：

为加快推进优质乳工程项目，力争2019年年底顺利通过验收，经公司研讨，决定成立广东乳业公司优质乳工程工作小组，具体如下：

一、成立广东乳业公司优质乳工程工作小组

组长： 李义林

副组长： 容显庭、林东、汪汉华

成员： 黄慧杰、林禄成、戚晓鸿、魏建生、吴清明、陈健财、江家威、李小容、蒋兴东、李丹、李明明、梁启凡、劳森泉、高学丽、郑洁嫦

联系人： 李小容

二、工作小组职责

工作小组成员要充分重视，制定实施计划，明确分工，共同推进优质乳工程的实施进度，在联盟专家指导下，扎实落实各项工作，形成一套优质乳标准制度化作业文件，完善质量管理体系，促进公司持续稳健发展。

温氏乳业关于成立优质乳工作小组的通知

广东温氏乳业有限公司优质乳工程启动仪式（2019 年 5 月 14 日）

四、优质乳工程验收

根据《优质乳工程管理办法》规定，国家奶业科技创新联盟 2019 年 12 月—2020 年 1 月开展验证和验收工作，包括产品奶源、加工前奶源的投料罐和每种优质乳产品的验证；优质乳产品生产线的保留时间和保持温度的验证；优质乳产品储藏、运输和销售终端冷链温度的验证；牧场奶源生产管理情况、加工厂工艺参数控制、产品质量控制情况的现场查看和记录验证等。

受新冠疫情影响，联盟创新评审形式，由现场评审的方式改为线上线下结合的模式。2020 年 6 月 14 日上午，在温氏乳业会议室召开了温氏乳业优质巴氏杀菌乳工程现场验收会议，会议由国家奶业科技创新联盟秘书长张养东主持，国家奶业科技创新联盟理事长王加启、副理事长顾佳升参

广东温氏乳业有限公司优质乳工程验收会（2020 年 6 月 14 日）

加视频评审，广东省优质乳验收组专家以及温氏乳业优质乳项目小组成员参加了会议。经过验收汇报、宣读第三方检测机构验证样品结果、审阅生产原始记录等环节，张养东秘书长宣读了验收决议，温氏乳业顺利通过验收，正式成为国家优质乳工程中的一员。

广东温氏乳业有限公司优质乳生产线 1

广东温氏乳业有限公司优质乳生产线 2

五、企业开展的优质乳工程活动

（一）举办新时代南方奶业创新发展论坛

2019 年 7 月 9 日，由广东省奶业协会、国家奶业科技创新联盟支持与指导，温氏乳业主办的"创新发展 共赢未来——新时代南方奶业创新发展论坛"在广东省新兴县隆重举办。论坛上，国家奶业科技创新联盟副理事长顾佳升作了《做优做强民族乳业——从奶汁的"钙"含量说起》主题分享。

温氏乳业主办的"创新发展 共赢未来——新时代南方奶业创新发展论坛"
（2019 年 7 月 9 日）

国家奶业科技创新联盟副理事长顾佳升作报告（2019 年 7 月 9 日）

（二）提升检测能力

2019 年 10 月 23—30 日，温氏乳业派出化验员 2 名到中国农业科学院北京畜牧兽医研究所参加 2019 年奶产品中糠氨酸和乳铁蛋白等检测技术培训班，具备优质乳产品核心指标的检测能力。

温氏乳业检测人员取得乳铁蛋白培训合格证书

（三）优质乳工程宣传

2019 年 8 月，温氏乳业总经理李义林接受《乳业时报》记者采访，提出"深耕优质乳，细作好鲜奶"，温氏乳业将以优质乳工程验收为契机，不断改进和完善牧场管理、加工工艺、冷链物流等工作，更好地构建优质的全产业链管理体系，为合作乳企提供更加优质的原奶、为国人提供更加优质的乳品，更好地促进南方奶业的发展振兴。

致　谢

衷心感谢以下单位和项目的支持：

农业农村部科技教育司

中国农业科学院

中国农业科学院北京畜牧兽医研究所

农业农村部奶产品质量安全风险评估实验室（北京）

农业农村部奶及奶制品质量监督检验测试中心（北京）

农业农村部奶及奶制品质量安全控制重点实验室

中国农业科学院重大科研选题

国家奶牛产业技术体系

中国农业科学院科技创新工程

农业国际合作交流项目